河北省重点学科“人口、资源与环境经济学”
河北省科技计划项目（164576106D）
河北省社会科学基金项目（HB16YJ023）
联合资助

河北省生态文明建设与经济转型升级研究

李从欣 李国柱 耿蕊 何曼 ◎ 著

中国财经出版传媒集团

图书在版编目（CIP）数据

河北省生态文明建设与经济转型升级研究/李从欣等著．
—北京：经济科学出版社，2017.5
ISBN 978－7－5141－8031－2

Ⅰ.①河…　Ⅱ.①李…　Ⅲ.①生态环境建设－研究－河北②区域经济－转型经济－研究－河北　Ⅳ.①X321.222②F127.22

中国版本图书馆 CIP 数据核字（2017）第 111518 号

责任编辑：周国强　程辛宁
责任校对：刘　昕
责任印制：邱　天

河北省生态文明建设与经济转型升级研究
李从欣　李国柱　耿　蕊　何　曼　著
经济科学出版社出版、发行　新华书店经销
社址：北京市海淀区阜成路甲 28 号　邮编：100142
总编部电话：010－88191217　发行部电话：010－88191522
网址：www.esp.com.cn
电子邮件：esp@esp.com.cn
天猫网店：经济科学出版社旗舰店
网址：http://jjkxcbs.tmall.com
固安华明印业有限公司印装
710×1000　16 开　14.25 印张　210000 字
2017 年 5 月第 1 版　2017 年 5 月第 1 次印刷
ISBN 978－7－5141－8031－2　定价：58.00 元
（图书出现印装问题，本社负责调换。电话：010－88191510）

前　言

近年来，河北省基本是空气污染最严重的地区，在每月公布的全国空气质量排名中，空气质量最差的10个城市，河北基本占6~7个。2017年1月20日，环保部发布2016年全国空气质量状况，结果显示，全国空气质量最差的6个城市，全部集中在河北。虽然大气环境质量同比有所改善，但仍是大气污染最严重的区域。

河北省的环境污染与经济结构有较大关系，河北省是工业大省，重化工业占绝大比重，自2001年起，河北省连续成为中国第一钢铁大省，而钢铁被列为污染环境的各产业的首位。面对污染压力，河北省出台了一系列文件，例如，《中共河北省委　河北省政府关于加快推进生态文明建设的实施意见》、《河北省生态文明体制改革实施文方案》中提出到2020年基本确立生态文明制度体系；《河北省工业转型升级“十三五”规划》包括了压减过剩产能专项，2017年底前完成国家下达的压减钢铁产能6000万吨、水泥产能6000万吨、平板玻璃产能3600万重量箱任务。2016年上半年装备制造业已超过“钢老大”成为河北省工业第一大产业。在近几年经济持续下行形势下，2016年河北省GDP增速出现了同比增长，但要实现河北省“绿色崛起”，必须抓住京津冀协同发展战略机遇，在生态文明建设、产业转型升级方面持续用力，让经济强省、美丽河北底色更强。

鉴于此，本书旨在对河北省生态文明建设与经济转型升级进行研究。全书分为12章：第1章为河北省经济发展现状，包括河北省经济总量、河北省经济结构、河北省经济演变存在的问题，在经济结构部分，主要从轻重工业结构、制造业所占比重及内部结构、装备制造业所占比重及内部结构、工业主导产业所占比重及内部结构进行了详细分析，并与环渤海省份进行了对比。第2章为河北省能源与环境状况，包括河北省能源消费与利用状况、河北省环境状况，环境状况分别从废水、废气等展开。第3章为生态文明建设与转型升级的理论基础与方法基础，主要包括系统动力学、循环经济理论、工业生态学理论、斯蒂格利茨经济转型理论、可持续发展理论、物质平衡理论、供给管理理论。第4章为河北省生态文明建设评价，根据指标体系构建原则，从五个层面构建了河北省生态文明建设监测指标体系，并采用熵值法进行了实证分析。第5章为河北省能源、环境与经济增长的脱钩关系，首先对能源、环境与经济增长的关系进行了文献综述，然后介绍了脱钩的界定和测度方法，最后对能源、环境与经济增长的脱钩关系进行了实证分析。第6章为河北省产业结构调整的节能减排效应，分别从河北省产业结构的能源消耗特征、河北省产业结构调整对能源强度的影响、河北省产业结构调整对能源消费量的影响、河北省产业结构调整对碳排放的影响四个方面进行了分析。第7章为基于系统动力学的河北省工业碳排放，主要包括模型的总体构思、系统建模、模型变量与说明、系统仿真及结果、模型的检验。第8章为碳足迹分析情景模拟，设计了三种情景，并分别进行了参数设定，从碳排放量和碳排放强度两个方面进行了对比分析。第9章为经济转型升级评价指标体系构建及评价方法选择，阐述了经济转型升级的内涵，建立了经济转型升级评价指标体系，探讨了评价方法的选择，包括单一评价法和组合评价法。第10章为基于组合评价法的经济转型升级评价，首先采用三种单一评价法进行了分析，然后采用组合评价法进行了分析，最后对河北省经济转型升级与全国其他省份进行了对比。第11章为政策工具视角下河北省节能减排政策分析，分别从国内节能减排的政策工具选择、河北省节能减排政策分析框架、节能减排政策维度等方面展开分析。第12章为河北省生态文明建设与经济转型升级对策，分别从实行多元考核体系、修订完善环境法治法规、确立比较优势发展战略、提高生态文明意识、加快产业结构调整、完善社会保障体系、大力发展循环经济、增强自主创新能力八个方面提出了见解。

本书得到了人口、资源与环境经济学河北省重点学科、河北省科技厅软科学项目“新常态下河北省经济转型升级路径研究”（164576106D）、河北省社会科学基金项目“河北省科技创新能力评价及提升路径研究”（HB16YJ023）的资助。特此感谢！

李从欣

2016年12月

目录 CONTENTS

河北省生态文明建设与
经济转型升级研究

Chapter 1

第1章　河北省经济发展现状

1.1 河北省经济增长总量

自1978年开始，河北省经济高速增长，地区生产总值从1978年的183.06亿元增长到2014年的29421.15亿元。从图1－1可以看出，河北省经济增长大体划分为三个阶段：第一阶段为1978～1992年，经济稳速增长，但增长速度较慢；第二阶段为1993～2003年，市场化改革为经济增长注入活力，GDP提速明显；第三阶段为2004～2014年，经济高速发展，年均增长10%以上。

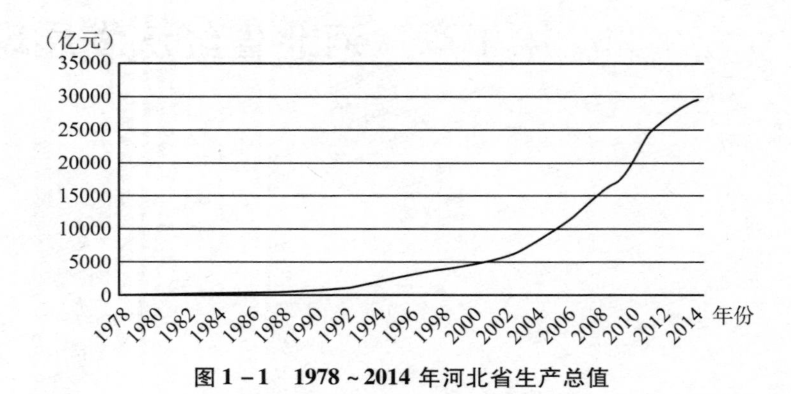

图1－1　1978～2014年河北省生产总值

在GDP增量中，第一产业贡献率最小，第二产业贡献率最高，大部分年份在60%左右，第三产业贡献率居中，基本保持在30%～40%之间。在GDP增速中，第一产业对生产总值的拉动在0.4%～0.8%，第二产业对生产总值的拉动在5.5%～8.5%，第三产业对生产总值的拉动在3%～5%之间。可见，河北省经济主要由第二产业和第三产业拉动。

1.2 河北省经济结构

1.2.1 轻重工业结构分析

2005～2014年，工业总产值从11007.98亿元增长为47675.9亿元，其中轻工业从2447.07亿元增长为10943.23亿元，重工业由8560.91亿元增长为36732.67亿元（见表1－1）。2005～2008年，轻工业比重的年持续下降，由2005年的22.23%下降为2008年的19.42%，重工业比重持续上升，由2005年的77.77%上升为2008年的80.58%，首次突破80%大关。但2009年轻工

表1－1　　2005～2014年河北省轻重工业比重（按总产值计算）

年份	工业总产值（亿元）	轻工业（亿元）	重工业（亿元）	轻工业比重（%）	重工业比重（%）
2005	11007.98	2447.07	8560.91	22.23	77.77
2006	13489.80	2951.79	10538.01	21.88	78.12
2007	17054.78	3653.63	13401.14	21.42	78.57
2008	23030.73	4471.51	18559.22	19.42	80.58
2009	24062.76	4904.53	19158.22	20.38	79.62
2010	31143.29	6194.10	24949.20	19.89	80.11
2011	39698.80	7864.19	31834.61	19.80	80.20
2012	43048.65	8799.79	34248.86	20.44	79.56
2013	46316.66	10067.11	36249.54	21.74	78.26
2014	47675.90	10943.23	36732.67	22.95	77.05

资料来源：2008年数据来源于《中国工业经济统计年鉴》，其他数据来源于《河北经济年鉴》。

业比重有所上升，达到20.38%。自2010年开始，重工业比重又呈上升趋势。自2011年开始，轻工业比重持续上升，重工业比重持续下降，自2012年开始，轻工业比重开始超过20%。

与河北省类似，全国轻重工业结构显示了相同的变化趋势（见表1－2），轻工业比重不断下降，重工业比重不断上升。但河北省重工业比重均超过同一时期的全国重工业比重。

表1－2　2005～2011年全国轻重工业比重（按总产值计算）

年份	工业总产值（亿元）	轻工业（亿元）	重工业（亿元）	轻工业比重（%）	重工业比重（%）
2005	222315.9	72115.18	150200.7	32.44	67.56
2006	316589	94845.97	221742.99	29.96	70.04
2007	405177.13	119640.39	285536.75	29.53	70.47
2008	507448.25	145429.08	362019.17	28.66	71.34
2009	548311	161498	386813	29.45	70.55
2010	698591	200072	498519	28.64	71.36
2011	844269	237700	606569	28.15	71.75

资料来源：自2013年起《中国统计年鉴》不再公布轻重工业总产值数据。

在环渤海区域中，北京市的重工业比重最高，但北京市工业增加值占地区生产总值比重仅在20%左右（见表1－3）。除山东省外，河北省重工业比重是最低的。虽然山东省重工业比重最低，但自2005年以来一直呈上升趋势。京津冀工业的重工业倾向势必会对能源消耗和环境污染带来较大影响。值得注意的是，除河北省外，自2010年起其他四省市重工业比重有上升趋势，这可能和全国总体经济下行、各省保增长有关。而河北省重工业比重持续下降主要是和行政性压减产能有关，而这几年河北省经济增长速度在全国排名倒数。

表1-3　　环渤海地区轻重工业比重（按总产值计算）　　单位：%

年份	河北省		北京市		天津市		辽宁省		山东省	
	轻工业比重	重工业比重	轻工业比重	重工业比重	轻工业比重	重工业比重	轻工业比重	重工业比重	轻工业比重	重工业比重
2005	22.23	77.77	16.77	83.23	20.27	79.73	16.53	83.47	37.09	62.91
2006	21.88	78.12	15.33	82.70	17.30	82.70	17.09	82.91	35.62	64.38
2007	21.42	78.57	15.60	84.40	17.42	82.58	17.96	82.04	34.93	65.07
2008	19.42	80.58	16.08	83.92	17.56	82.44	18.04	81.93	33.86	66.14
2009	20.38	79.62	16.00	84.00	17.46	82.54	19.33	80.67	33.98	66.02
2010	19.89	80.11	14.60	85.40	16.37	83.63	19.47	80.53	32.39	67.61
2011	19.80	80.20	15.35	84.65	17.40	82.60	19.52	80.48	31.17	68.83
2012	20.44	79.56	15.40	84.60	19.54	80.46	20.86	79.14	31.98	68.02
2013	21.74	78.26	14.63	85.37	21.48	78.52	21.11	78.89	31.38	68.62
2014	22.95	77.05	13.92	86.08	20.89	79.11	20.52	79.48	31.00	69.00

资料来源：2006~2015年《河北经济年鉴》《北京统计年鉴》《天津统计年鉴》《辽宁统计年鉴》《山东统计年鉴》。

1.2.2 制造业所占比重及内部结构分析

2005~2009年，河北省制造业增加值从2443.66亿元增加到4890.34亿元，制造业比重由75.60%增加到77.78%，虽然绝对量持续增加，但制造业比重却有所波动（见表1-4）。

表1-4　　2005~2009年河北省制造业比重

年份	工业增加值（亿元）	制造业增加值（亿元）	制造业比重（%）
2005	3219	2443.66	75.60
2006	3880.22	2906.59	74.91
2007	4822.78	3678.45	76.27
2008	6110.6	4705.33	77.00
2009	6287.84	4890.34	77.78

资料来源：2006~2010年《河北经济年鉴》，2008年数据来源于经济运行快报。

从制造业内部结构来看，2005～2009年，虽然各个行业比重稍微发生了变化，但各行业的地位并没有发生大的变化（见表1－5）。按各行业增加值占制造业总产值的比重，2009年排在前十位的分别是黑色金属冶炼及压延加工业，石油加工、炼焦及核燃料加工业，非金属矿物制品业，电气机械及器材制造业，化学原料及化学制品制造业，交通运输设备制造业，金属制品业，通用设备制造业，农副食品加工业，纺织业。其中黑色金属冶炼及压延加工业占绝对优势，占制造业比重达到35.21%。

表1－5　2005～2009年河北省制造业内部各行业增加值及比重

行业	2005年		2006年		2007年		2008年		2009年	
	增加值（亿元）	比重（%）	增加值（亿元）	比重（%）	增加值（亿元）	比重（%）	增加值（亿元）	比重（%）	增加值（亿元）	比重（%）
农副食品加工业	104.68	4.28	142.65	4.91	168.65	4.58	222.18	4.72	191.07	3.91
食品制造业	52.93	2.17	70.42	2.42	78.84	2.14	79.44	1.69	86.90	1.78
饮料制造业	48.86	2.00	46.90	1.61	64.13	1.74	75.11	1.59	67.81	1.39
烟草制品业	33.15	1.36	41.95	1.44	55.74	1.52	61.56	1.31	70.05	1.43
纺织业	106.40	4.35	134.49	4.63	161.69	4.40	178.16	3.79	166.87	3.41
纺织服装、鞋、帽制造业	26.89	1.10	30.90	1.06	39.82	1.08	46.12	0.98	44.11	0.90
皮革、毛皮、羽毛（绒）等	63.69	2.61	85.82	2.95	100.99	2.75	119.25	2.53	152.64	3.12
木材加工等制品业	20.01	0.82	23.61	0.81	32.20	0.88	36.20	0.77	23.39	0.48
家具制造业	9.66	0.40	13.98	0.48	18.44	0.50	23.30	0.50	16.76	0.34
造纸及纸制品业	44.48	1.82	49.69	1.71	62.18	1.69	70.37	1.50	82.02	1.68
印刷业和记录媒介的复制	13.45	0.55	19.33	0.67	23.97	0.65	28.61	0.61	30.84	0.63
文教体育用品制造业	2.60	0.11	2.99	0.10	4.20	0.11	5.27	0.11	4.56	0.09
石油加工、炼焦及核燃料等	120.65	4.94	96.27	3.31	138.20	3.76	226.95	4.82	307.74	6.29
化学原料及化学制品	144.64	5.92	185.76	6.39	249.11	6.77	299.36	6.36	234.03	4.79
医药制造业	66.24	2.71	65.07	2.24	90.33	2.46	103.68	2.20	113.68	2.32
化学纤维制造业	12.87	0.53	7.27	0.25	10.09	0.27	14.58	0.31	8.04	0.16
橡胶制品业	24.25	0.99	27.35	0.94	38.79	1.05	49.27	1.05	58.02	1.19

续表

行业	2005年		2006年		2007年		2008年		2009年	
	增加值（亿元）	比重（%）	增加值（亿元）	比重（%）	增加值（亿元）	比重（%）	增加值（亿元）	比重（%）	增加值（亿元）	比重（%）
塑料制品业	48.52	1.99	45.05	1.55	68.67	1.87	80.75	1.72	70.33	1.44
非金属矿物制品业	147.11	6.02	175.74	6.05	234.39	6.37	271.98	5.78	293.28	6.00
黑色金属冶炼及压延加工	889.12	36.38	1044.12	35.92	1259.51	34.24	1769.08	37.60	1721.70	35.21
有色金属冶炼及压延加工	33.46	1.37	37.42	1.29	48.10	1.31	56.30	1.20	65.69	1.34
金属制品业	85.95	3.52	111.78	3.85	134.68	3.66	170.61	3.63	207.72	4.25
通用设备制造业	84.22	3.45	109.73	3.78	150.94	4.10	195.77	4.16	203.92	4.17
专用设备制造业	52.30	2.14	84.74	2.92	115.65	3.14	127.96	2.72	132.19	2.70
交通运输设备制造业	91.53	3.75	94.72	3.26	127.04	3.45	136.32	2.90	217.05	4.44
电气机械及器材制造业	73.33	3.00	115.37	3.97	150.31	4.09	191.85	4.08	240.06	4.91
通信设备、计算机等	25.14	1.03	25.98	0.89	28.24	0.77	36.12	0.77	41.42	0.85
仪器仪表及文化、办公用机械制造业	8.19	0.34	8.65	0.30	12.73	0.35	14.72	0.31	17.57	0.36
工艺品及其他制造业	8.85	0.36	7.73	0.27	8.62	0.23	10.26	0.22	17.32	0.35
废弃资源和废旧材料回收加工业	0.49	0.02	1.11	0.04	2.20	0.06	4.20	0.09	3.57	0.07

资料来源：2006~2010年《河北经济年鉴》，2008年数据来源于经济运行快报。

1.2.3 装备制造业所占比重及内部结构分析

装备制造业是为国民经济发展和国防建设提供技术装备的基础性产业。装备制造业承担着为国民经济各行业和国防建设提供装备的重任，带动性强，波及面广，其技术水平不仅决定了各产业竞争力的强弱，而且决定了今后运行的质量和效益。同时装备制造业是科学技术和知识转化为生产力的最具深度、最有影响的产业。技术装备作为技术载体，是科研成果转化为生产力的媒介和桥梁，是科研成果从潜在效益转化为现实效益的重要手段。

装备制造业包括金属制品业、通用装备制造业、专用设备制造业、交通运输设备制造业、电器装备及器材制造业、电子及通信设备制造业、仪器仪表及文化办公用装备制造业七个大类。2005～2011年，装备制造业增加值由420.66亿元增加到1033.5亿元，首次突破1000亿元大关；装备制造业比重由13.07%上升为16.4%，到2011年，装备制造业增加值达1902.2亿元，占规模以上工业增加值的比重达18.1%，无论是装备制造业增加值还是装备制造业所占比重均呈上升趋势（见表1－6）。根据《河北省国民经济和社会发展第十二个五年规划纲要》，装备制造业增加值占全省规模以上工业增加值的比重达到25%左右，成为第二大支柱产业。这一规划目标将对河北省调整产业结构、加快转变经济增长方式具有重要意义。

表1－6　2005～2011年河北省装备制造业比重

年份	工业增加值（亿元）	装备制造业增加值（亿元）	装备制造业比重（%）
2005	3219.00	420.66	13.07
2006	3880.22	550.97	14.20
2007	4822.78	719.59	14.92
2008	6110.60	837.20	13.70
2009	6310.20	1033.50	16.40
2010	8182.80	1409.80	17.20
2011	10509.40	1902.20	18.10

资料来源：2006～2008年《河北经济年鉴》，2008～2011年《河北省国民经济和社会发展公报》。

就装备制造业各行业来讲，自2005～2009年，各行业增加值均有所增长，其中金属制品业、电器机械及器材制造业、交通运输设备制造业、专用设备制造业、通用设备制造业所占比重最高，为河北省装备制造业的重点行业，而通信设备、计算机及其他电子设备制造业，仪器、仪表及文化、办公用机械制造业所占比重较小（见表 1 - 7）。

表 1 - 7　2005 ~ 2009 年河北省装备制造业分行业增加值数据　单位：亿元

行业	2005 年	2006 年	2007 年	2008 年	2009 年
金属制品业	85.95	111.78	134.68	170.61	207.72
通用设备制造业	84.22	109.73	150.94	195.77	203.92
专用设备制造业	52.30	84.74	115.65	127.96	132.19
交通运输设备制造业	91.53	94.72	127.04	136.32	217.05
电器机械及器材制造业	73.33	115.37	150.31	191.85	240.06
通信设备、计算机及其他电子设备制造业	25.14	25.98	28.24	36.12	41.42
仪器仪表及文化、办公用机械制造业	8.19	8.65	12.73	14.72	17.57
装备制造业合计	420.66	550.97	719.59	873.35	1059.93

资料来源：2005 ~ 2010 年《河北经济年鉴》（自 2010 年起《河北经济年鉴》，不再公布各行业工业增加值数据）。

1.2.4　工业主导产业所占比重及内部结构分析

钢铁、装备制造、纺织服装、建材建筑、食品、石油化工、医药为河北省七大工业主导产业。唐山钢铁占全省一半以上，占全国 1/9；纺织工业中的纱、布产量居全国第 4 位和第 5 位，印染、服装产量居全国第 6 位；建材工业中的卫生陶瓷、平板玻璃产量居全国第 1 位和第 2 位；冶金工业中的钢和生铁产量居全国第 5 位和第 3 位；化学、医药工业在全国占优势地位。

2006 年钢铁、装备制造、纺织服装、建材建筑、食品、石油化工、医药等七大主导产业完成增加值 3070.0 亿元，比上年增长 21.6%；占规模以上工业增加值的 80.5%，比上年提高 2.1 个百分点，对工业生产增长的贡献率达 87.1%。其中钢铁工业完成增加值 1235.23 亿元。石化行业完成增加值 361.7 亿元，装备制造完成增加值 550.97 亿元，食品行业完成增加值 301.92

亿元，医药行业完成增加值65.07亿元，建材行业完成增加值175.74亿元，纺织服装业完成增加值251.21亿元。

2007年，河北钢铁、石油化工、装备制造、食品、医药、建材、纺织服装七大工业主导产业完成增加值3792.09亿元，占河北省全省总量的81.98%，同比提高1.53个百分点；实现利润1086.66亿元，占河北省全省总量的87.22%，同比提高1.68个百分点。其中，钢铁行业完成增加值1573.06亿元，石化行业完成增加值504.86亿元，装备制造完成增加值719.59亿元，食品行业完成增加值367.36亿元，医药行业完成增加值90.33亿元，建材行业完成增加值234.39亿元，纺织服装业完成增加值302.5亿元。

2008年，河北钢铁、石油化工、装备制造、食品、医药、建材、纺织服装七大工业主导产业完成增加值4537.12亿元[①]，占河北省全省规模以上工业增加值总量的74.25%。其中，钢铁工业完成增加值1769.08亿元，同比增长12.69%；实现销售产值7626.46亿元，同比增长43.79%；实现利税总额487.56亿元，实现利润总额273.54亿元，同比分别降低7.31%、17.99%，这是自2000年以来河北省钢铁工业实现利税、利润首次负增长。主要原因是原材料价格的大幅涨落、生铁成本的大幅波动及国内外钢材市场需求急剧变化引起的钢材价格大涨大跌交互影响。

2009年，河北省钢铁、装备制造业、石化、食品、纺织、建材、医药七个主要产业，完成增加值5158.7亿元，同比增长13.7%；占河北省全省规模以上工业增加值总量的81.8%。其中钢铁行业完成增加值2121.04亿元，同比增长18.4%；粗钢、钢材产量分别为1.35亿吨、1.51亿吨。

装备制造业完成增加值1033.5亿元，同比增长17.2%。其中，汽车产销稳定增长，2009年累计销售汽车51.45万辆，同比增长60%。

石化行业完成增加值693.1亿元，同比增长3.2%。主要化工产品产量居全国前列，纯碱产量、纯苯产量以及原油、天然气、尿素、烧碱等产品产

---

① 没有数据，根据2009年数据和增长率推算。

量均有较大提高。

食品行业生产平稳增长，效益明显提高。2009 年完成增加值 467.7 亿元，同比增长 9%；实现利润 101.6 亿元，同比增长 20.2%。其中，方便食品制造业利润同比增长 100.4%；液体乳及乳制品制造业扭转了 2008 年的亏损局面。

纺织行业积极开拓内销市场，保持了较快增长。完成增加值 407.3 亿元，同比增长 13.2%；实现利润 97.9 亿元，同比增长 24.7%。

建材行业下半年逐步进入快速增长期，累计完成增加值 323.3 亿元，同比增长 4.6%；实现利润 75.8 亿元，同比增长 45.4%，效益增幅为七大主要行业之首。平板玻璃产量 8797.7 万重量箱，居全国前列。

医药行业完成增加值 112.8 亿元，同比增长 9.3%。化学原料药产量 42.3 万吨，同比增长 -18.8%；中成药 4.1 万吨，同比增长 14.5%。

2010 年河北省钢铁、装备制造、石化、食品、纺织、建材和医药等七个主要行业合计完成增加值 6773.8 亿元，增长 15.7%，加快 2 个百分点；占河北省全省规模以上工业总量的 82.8%，增长 1.03 个百分点。

钢铁、装备制造、石化、食品、纺织服装、建材、医药等七大主导产业增加值分别年均增长 18.1%、22.0%、8.1%、13.7%、16.2%、13.9% 和 12.6%。钢材产量达到 16757.2 万吨，持续十年保持全国产量第一；钢铁、装备制造、石化三大支柱产业完成增加值占全省规模以上工业增加值的比重由 2005 年的 57.4% 提高到 2010 年的 64%。

2010 年同 2005 年相比，资源加工业占河北省全省制造业（总产值）的比重由 62% 下降到 58%，降低了 4 个百分点（钢铁工业占河北省全省工业的比重由 31% 降到 29%，降低了 2 个百分点）；而机电制造业占河北省全省制造业的比重则由 16% 上升到 23%，提高了 7 个百分点。这一变化趋势，符合产业结构演进规律。“十一五”期间河北工业结构明显优化。

2011 年钢铁工业完成增加值 2444.73 亿元，占河北省全省工业的 23.26%。2011 年，装备制造业增加值增速居规模以上行业之首，对全省工业生产增长

贡献率为26.8%，占规模以上工业比重达18.1%

2012年钢铁、装备、石化等七个主要行业保持稳定增长，完成工业增加值9384.8亿元，占河北省全省工业增加值的85%，高于2011年同期1个百分点，对全省工业经济增长继续提供有力支撑。

2013年装备制造业增加值比上年增长14.5%，占规模以上工业的比重为19.2%，同比提高1.2个百分点；钢铁工业增长10.1%；石化工业增长4.9%；医药工业增长8.7%；建材工业增长7.6%；食品工业增长7.6%；纺织服装业增长14.2%。

2014年装备制造业增加值比上年增长8.8%，占规模以上工业的比重为20.6%，比上年提高1.4个百分点；钢铁工业增长5.1%；石化工业增长3.9%；医药工业增长4.4%；建材工业增长2.6%；食品工业增长4.7%；纺织服装业增长7.5%

1.2.5 工业产业结构综合比较分析

在全国31个省市中，2005年河北省工业增加值排在全国第六位，仅次于广东省、山东省、江苏省、浙江省、河南省，2011年河北省工业增加值仍然排在全国第六位，且前六名的位次没有发生任何变化。2005年河北省工业增加值占地区生产总值的比重为46.60%，高于全国一般水平，在全国排名第七位，排名前六位的依次为山东省、江苏省、山西省、上海市、天津市、浙江省，2011年河北省工业增加值占地区生产总值的比重上升为48.01%，高于全国一般水平，在全国仍排名第七位，排名前六名的依次为山西省、河南省、内蒙古自治区、青海省、辽宁省、天津市。就增长率看，河北省工业增长率持续上升，从2005年的14.16%上升到2011年的16.1%。总体上看，河北省工业增长率持续走高，工业占地区生产总值的比重也一直上升。

就轻重工业比重而言，全国重工业比重为71.33%，但重工业比重在70%以下的省份仅包括浙江省、福建省、山东省、广东省、重庆市、四川省、西藏自治区，绝大部分省份重工业比重均在全国水平以上。可以看出，全国各地区经济发展方式趋同现象严重，在财政分权和经济集权的政治结构下，“锦标赛”竞争方式使各地不约而同采取了重工业优先发展政策。

但可喜的是，部分省市已经开始了经济发展方式的转变，例如，重工业比重最低的省份分别为福建省、浙江省、广东省、西藏自治区、山东省，除西藏自治区外，其余四个省份都是我国经济发达地区，因此我们有理由相信，经济发展水平可能和重工业比重负相关。

1.3 河北省经济演变存在的问题

1.3.1 工业比重不断上升，第三产业比重不高

由表 1 - 8 可知，河北省工业增加值比重大多数年份保持在 40% 以上，2008 年达到最高的 49.22%，已接近 50%，2009 年虽有下降，但 2011 年又回升到 48.01%。服务业增加值在 2008 年达到进入 21 世纪以来的最低点，之后一直呈上升态势，之后由于压减产能，比重持续下降。工业大多是资本密集型企业，劳动者收入在初次分配中所占比例较低，在社会保障、社会求助等再分配政策不完善的情况下，容易造成收入差距扩大。

表 1 - 8　　1978 ~ 2014 年河北省各产业增加值比重　　单位：%

年份	地区生产总值	第一产业	第二产业			第三产业
			小计	工业	建筑业	
1978	100.0	28.52	50.46	45.44	5.02	21.02
1979	100.0	30.07	50.07	44.13	5.94	19.86
1980	100.0	31.06	48.29	42.91	5.38	20.65

续表

年份	地区生产总值	第一产业	第二产业			第三产业
			小计	工业	建筑业	
1981	100.0	31.92	46.35	41.49	4.86	21.73
1982	100.0	34.04	42.88	37.91	4.97	23.08
1983	100.0	36.05	40.57	36.00	4.57	23.38
1984	100.0	33.55	43.90	39.08	4.82	22.55
1985	100.0	30.33	46.44	41.40	5.04	23.23
1986	100.0	28.27	47.47	42.48	4.99	24.26
1987	100.0	26.38	49.04	44.34	4.70	24.58
1988	100.0	23.14	46.11	41.24	4.87	30.75
1989	100.0	23.85	45.56	41.17	4.39	30.57
1990	100.0	25.43	43.23	39.52	3.71	31.34
1991	100.0	22.10	42.90	38.91	3.99	35.00
1992	100.0	20.11	44.83	40.50	4.33	35.06
1993	100.0	17.84	50.15	44.84	5.31	32.01
1994	100.0	20.66	48.14	42.35	5.79	31.20
1995	100.0	22.16	46.42	40.37	6.05	31.42
1996	100.0	20.30	48.21	42.37	5.84	31.49
1997	100.0	19.27	48.92	43.03	5.89	31.81
1998	100.0	18.58	48.97	42.81	6.16	32.45
1999	100.0	17.86	48.48	41.98	6.50	33.66
2000	100.0	16.35	49.86	43.65	6.21	33.79
2001	100.0	16.56	48.88	43.11	5.77	34.56
2002	100.0	15.90	48.38	42.88	5.50	35.72
2003	100.0	15.37	49.38	43.49	5.89	35.25
2004	100.0	15.73	50.74	44.97	5.77	33.53
2005	100.0	14.89	51.83	46.21	5.62	33.28
2006	100.0	12.69	53.10	47.68	5.42	34.21

续表

年份	地区生产总值	第一产业	第二产业			第三产业
			小计	工业	建筑业	
2007	100.0	13.17	52.82	47.82	5.00	34.01
2008	100.0	12.57	54.22	49.22	5.00	33.21
2009	100.0	12.81	51.98	46.32	5.66	35.21
2010	100.0	12.57	52.50	46.85	5.65	34.93
2011	100.0	11.85	53.54	48.01	5.53	34.61
2012	100.0	11.99	52.69	47.08	5.61	35.32
2013	100.0	11.90	52.00	46.62	5.54	36.10
2014	100.0	11.70	51.00	45.31	5.79	37.30

资料来源：2015 年《河北经济年鉴》。

而就业结构中，2014 年第一产业的就业占总就业人数的比例高达 33.29%；第二产业的就业比例为 34.21%，略高于标准产业结构；第三产业的就业比例为 32.50。相对于产业结构，第一产业集中了太多的劳动力，工业属资本密集型行业，劳动力应更多向服务业转移。

1.3.2 产业结构高度化有待于进一步加强

在经济发展的过程中，主导产业及其群体不断更替、转换的演进过程就是产业结构高度化的过程，是一个产业结构由低级到高级、由简单到复杂的渐进过程。表 1-9 显示了主导产业的转换和发展经历的五个不同的历史发展阶段：

河北省的主导产业为钢铁、装备制造业、石化、食品、纺织、建材、医药，基本属于主导产业发展的第三阶段。而与河北省临近的天津市八大优势产业为航空航天、石油化工、装备制造、电子信息、生物医药、新能源新材料、国防科技、轻工纺织，处于主导产业发展的第四阶段或第五阶段。河北省

表 1－9　　主导产业发展的五个历史阶段

阶段	主导产业部门	主导产业群体或综合体
第一阶段	棉纺工业	纺织工业、冶炼工业、采煤工业、早期制造业和交通运输业
第二阶段	钢铁工业、铁路修建业	钢铁工业、采煤工业、造船工业、纺织工业、机器制造、铁路运输业、轮船运输业及其他工业
第三阶段	电力、汽车、化工和钢铁工业	电力工业、电器工业、机械制造业、化学工业、汽车工业以及第二个主导产业群各产业
第四阶段	汽车、石油、钢铁和耐用消费品工业	耐用消费品工业、宇航工业、计算机工业、原子能工业、合成材料工业以及第三个主导产业群各产业
第五阶段	信息产业	新材料工业、新能源工业、生物工程、宇航工业等新兴产业以及第四个主导产业群各产业

资料来源：苏东水．产业经济学［M］. 第1版．北京：高等教育出版社，2000：289.

在选择、确定和建设主导产业及其群体时，应该在循序渐进的基础上，综合主导产业及其群体的优势，充分利用发达国家和地区的先进技术和产业建设成果，争取在某些领域实现“跳跃式”的跨越。

1.3.3　工业内部结构不合理

工业结构的演变趋势有重工业化趋势、高加工度化趋势、高技术化趋势和高附加值趋势。高加工度化趋势即轻、重工业由以原材料工业为重心的结构，向以加工工业、组装工业为重心的结构发展的趋势；高技术化趋势和高附加值趋势即工业发展从依赖劳动力为主的阶段，发展到依赖资金为主的阶段，进而再发展到依赖技术为主的阶段的过程，在这一过程中，结构的变动存在着由劳动密集型到资本密集型，再到技术知识密集型的发展过程。纵观河北省的工业结构，首先重工业比例过高，达到80%左右，在制造业中，黑色金属冶炼及压延业占35%左右，再加上化学原料及化学品业、非金属矿物制品业，这三大类行业占制造业的比重接近50%，且这三大类行业均为高耗能、高污染行业，这种类型的工业结构势必对河北省的节能减排工作造成巨大压力。

1.3.4 高新技术行业比重偏低

长期以来，河北省高新技术行业比重偏低，2011 年河北省规模以上高新技术产业共实现增加值 1100 亿元，首次突破 1000 亿元大关，同比增长 23%，高于规模以上工业增速 6.9 个百分点，高新技术产业增加值占同期规模以上工业增加值的比重达到 10.5%。而 2011 年天津市高新技术产业产值完成 6488 亿元，占规模以上工业总产值的比重为 31.0%。2011 年，山东省高新技术产业实现产值 2.8 万亿元，占规模以上工业的比重提高到 27.3%。因此，同环渤海区域的主要省份相比，河北省高新技术行业明显处于落后地位。

由表 1-10 可知，河北省在高新技术产业企业个数与从业人员数两个指标上不仅落后于环渤海区域，与江苏省、浙江省、广东省等发达省份更是相差甚远。

表 1-10　　全国各省市高新技术产业企业数与从业人员数

地区	企业数（个）				从业人员平均人数（人）			
	2010 年	2011 年	2012 年	2013 年	2010 年	2011 年	2012 年	2013 年
北京	1103	737	760	782	249889	259535	282589	287281
天津	817	497	587	585	240022	238898	295597	271138
河北	438	370	433	504	171439	181494	182291	197432
山西	157	118	136	138	120945	121814	147733	142061
内蒙古	107	98	97	100	27846	31145	30896	32651
辽宁	987	701	738	735	218709	198248	212992	218388
吉林	436	368	394	394	101147	127094	155255	151519

续表

地区	企业数（个）				从业人员平均人数（人）			
	2010 年	2011 年	2012 年	2013 年	2010 年	2011 年	2012 年	2013 年
黑龙江	199	138	161	183	72422	74220	80626	83853
上海	1423	962	1030	1024	531834	586846	596542	609434
江苏	4868	4061	4598	4865	2267628	2333488	2486148	2461783
浙江	3339	1923	2143	2391	646326	586366	644264	670358
安徽	745	574	744	841	146412	149818	187326	205182
福建	791	596	692	742	321249	332282	355641	377439
江西	555	499	602	696	218106	239996	267263	277522
山东	1847	1514	1875	2015	545398	553395	674943	691324
河南	728	723	848	933	244892	400204	553026	633971
湖北	798	544	687	830	214977	221429	268785	293598
湖南	683	683	788	881	157767	214075	251829	303637
广东	5774	4601	5059	5802	3547488	3614903	3842156	3803831
广西	338	275	285	301	110210	104282	116808	125132
海南	57	46	50	51	12634	14119	17252	18732
重庆	324	252	315	383	88616	115688	179452	219274
四川	830	727	813	841	325736	426474	515131	501539
贵州	150	119	135	149	66968	63297	49315	47061
云南	144	104	123	136	26672	25390	31775	35272
西藏	11	5	6	8	1471	1060	1130	1452
陕西	381	325	379	402	198975	211006	216232	230560
甘肃	81	59	87	107	27545	24873	26974	28398
青海	28	26	27	28	5145	4638	5747	5945
宁夏	16	14	19	19	6708	5612	7161	6726
新疆	34	23	25	28	7076	7464	3843	4377

河北省生态文明建设与经济转型升级研究

Chapter 2

第2章　河北省能源与环境状况

2.1 河北省能源消费与利用状况

2.1.1 河北省能源消费概况

根据河北省历年能源消费数据及与全国的对比分析，河北省能源消费呈现以下几种特征：

（1）河北省的能源消费总量伴随着地区经济增长而持续增加。1980 年至今，河北省的实际地区生产总值从 1980 年的 219.24 亿元上涨至 2013 年的 28301.41 亿元，上涨了 35 倍，全国的实际 GDP 上涨了 26 倍；考察时序区间内河北省能源消费总量上涨了 8.59 倍，而全省能源消费总量占全国的比重由 1980 年的 5.2% 上涨到了 2013 年的 8.31%。从能源消费总量的变动上看，经济增长与能源消费量二者间存在着正相关关系，但能源消费量的增长速度低于产出增长速度，这在一定程度上表明能源消耗的产出弹性不断上升，能源利用效率有所提高。

（2）河北省的能源消费过度依赖煤炭，能源消费结构优质化程度低。河北省“富煤、贫油”的资源禀赋决定了能源生产结构，进而形成了以煤炭这一低质能源为主的落后的能源消费结构（见表 2－1），且与全国相比河北省能源消费结构优质化程度很低。2003 年河北省能源消费结构中煤消费比重高达 92.78%，高于全国平均水平近 23 个百分点，2004 年有所回落后又拾升势，2009 年这一比重为 92.51%，高于全国同期平均水平 22.11 个百分点；随着河北省水电等生产能力的提升，2011 年这一比重略有下降，但依然高于全国同期平均水平 21.21 个百分点。相比之下，河北省石油、天然气、水能等资源相对匮乏，能源消耗所占比重尤其是水电、风能、核能的消费比重远低于全国平均水平。与全国相比，河北省能源消费的结构性矛盾更加突出，能源消费结构优质化程度更低。

表2－1 河北省与全国的能源消费构成

年份	能源消费总量（万吨标准煤）	河北省能源消费比重（%）				能源消费总量（万吨标准煤）	全国能源消费比重（%）			
		煤炭	石油	天然气	水电等		煤炭	石油	天然气	水电等
1981	3627.80	90.10	8.20	1.60	0.10	59447	72.7	20.0	2.8	4.5
1983	4185.78	89.25	9.19	1.19	0.37	66040	74.2	18.1	2.4	5.3
1985	4548.85	89.91	8.36	1.58	0.15	76682	75.8	17.1	2.2	4.9
1987	5516.81	90.26	8.12	1.34	0.28	86632	76.2	17.0	2.1	4.7
1989	6169.26	90.77	7.74	1.09	0.40	96934	76.0	17.1	2.0	4.9
1991	6471.93	90.63	7.67	1.33	0.37	103783	76.1	17.1	2.0	4.8
1993	7861.92	90.12	8.44	0.96	0.48	115993	74.7	18.2	1.9	5.2
1995	8892.41	90.33	8.54	0.94	0.19	131176	74.6	17.5	1.8	6.1
1997	9033.01	90.33	8.66	0.87	0.14	135909	71.4	20.4	1.8	6.4
1999	9379.27	90.01	9.00	0.88	0.11	140569	70.6	21.5	2.0	5.9
2001	12114.29	91.84	7.42	0.70	0.04	150406	68.3	21.8	2.4	7.5
2003	15297.89	92.78	6.49	0.66	0.07	183792	69.8	21.2	2.5	6.5
2005	19835.99	91.82	7.44	0.62	0.12	235997	70.8	19.8	2.6	6.8
2007	23585.13	92.34	6.89	0.68	0.09	280508	71.1	18.8	3.3	6.8
2009	25418.79	92.51	6.89	1.21	0.07	306647	70.4	17.9	3.9	7.8
2011	29498.29	89.61	7.73	1.58	1.08	348002	68.4	18.6	5.0	8.0
2012	30250.21	88.80	7.70	1.94	1.56	361732	66.6	18.8	5.2	9.4
2013	31170.36	88.67	7.36	2.19	1.78	375000	66.0	18.4	5.8	9.8

资料来源：能源消费数据来源于《新中国六十年统计资料汇编》《河北省统计年鉴（2014）》《中国能源统计年鉴（2011）》《中国统计年鉴（2014）》。

（3）从能源消费主体构成看，第二产业能源消费比重过大。就自身来看，河北省能源消费构成与产业结构相适应，能源分部门消费以第二产业为主，第三产业次之，第一产业消耗比重最低（见图2－1）。其中，工业能源消耗比重上升趋势明显，工业能源消耗强度呈下降趋势。与全国平均水平相比，河北省第二产业能源消耗比重远高于全国平均水平，第一、第三产业能源消耗比重则低于全国平均水平，这与河北省产业结构的“重工业化”特征突出、第三产业发展相对滞后直接相关。

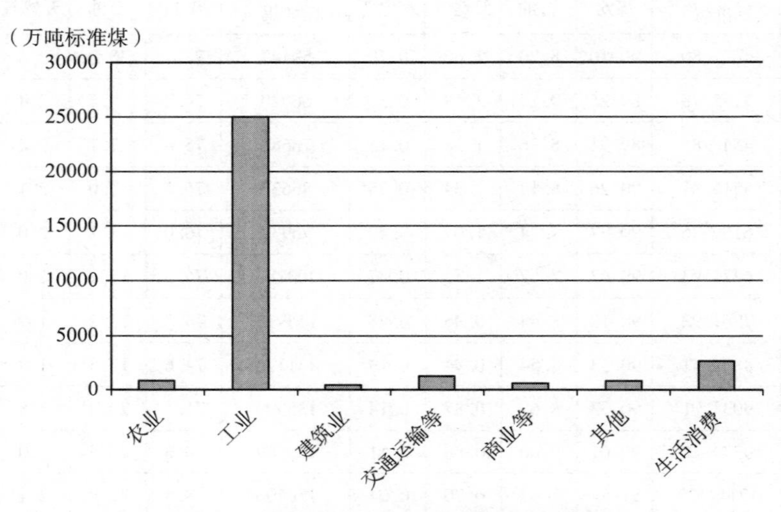

图 2-1　2013 年河北省终端能源消费状况

（4）河北省生活能源消费总量呈不断上升的趋势，人均生活能耗亦呈不断上升趋势，且高于全国平均水平。与区域经济发展趋势相匹配，河北省人均生活耗能呈不断上升的趋势。这一方面反映出人民生活水平的提高，另一方面也反映出河北省生活能耗出于各方面的原因（如北方地区供暖对煤炭的高消耗）高于全国平均生活能耗。例如，2010 年河北省生活能耗 2302.56 万吨标准煤，占全国生活能源消耗总量的 6.66%，而同期河北省人口仅占全国人口的 5.40%，因此，河北省人均生活能耗必然高于全国平均水平。这种状况既和资源禀赋、能源供求结构有关，又与部分农村地区依然存在大量使用煤炭、秸秆和薪柴等低质燃料直接相关。

（5）地区能源消费差异显著。从能源消费的地区结构上来看，选取各地级市规模以上工业企业能源消费量占河北省规模以上工业企业总能耗的比重这一指标来衡量，如表 2-2 所示。石家庄、唐山、邯郸作为传统的资源型工业地区，对于能源的需求总量大，占河北省全省能源消费总量的比重高，但是，2005～2011年间石家庄市和邯郸市能源消费占比呈明显下降趋势。

表2－2　　河北省规模以上工业企业能源需求的地区构成　　单位：%

地级市	2005年	2006年	2007年	2008年	2009年	2010年	2011年
石家庄市	16.14	16.55	16.53	16.21	15.47	15.34	14.42
承德市	3.46	3.66	4.00	4.01	4.18	4.05	4.01
张家口市	6.40	6.08	6.25	5.88	5.26	5.26	5.35
秦皇岛市	3.72	3.74	3.80	3.87	3.66	3.72	3.54
唐山市	33.43	33.35	32.84	33.75	35.02	34.67	35.88
廊坊市	2.00	2.17	2.53	2.83	2.89	3.08	2.97
保定市	4.22	3.83	3.56	3.59	3.58	3.97	3.83
沧州市	3.40	3.49	3.55	3.59	4.32	4.22	5.07
衡水市	2.19	1.98	1.79	1.76	1.56	1.50	1.55
邢台市	6.75	7.01	7.10	6.88	6.46	6.50	6.48
邯郸市	18.28	18.15	18.05	17.64	17.59	17.69	16.90

资料来源：规模以上工业企业能源消费数据来源于《河北统计年鉴（2012）》；表中数据经过简单计算获得。仅《河北统计年鉴（2012）》提供了各市规模以上工业企业能源消费数据。

2.1.2 河北省能源利用效率分析

2.1.2.1 综合能耗指标分析

由表2－3可以看出，2005～2007年，单位GDP电耗逐年上升，由14876.3千瓦时/万元增加到1579.76千瓦时/万元，但在2008年下降为1492.81千瓦时/万元，比2007年下降了5.5%，2011年进一步下降为1461.48千瓦时/万元。自2005年开始，单位GDP能耗和单位工业增加值能耗均逐年下降，单位GDP能耗由2005年的1.96吨标准煤/万元降为2011年的1.3吨标准煤/万元，单位工业增加值能耗由2005年的4.41吨标准煤/万元降为2011年的2.55吨标准煤/万元。由表2-3可以看出，各年的单位工业增加值能耗均大于相应年份的单位GDP能耗，这是很容易理解的，因为工业对能耗的消费量往往大于第一产业和第三产业对能耗的消费量。不过可喜的是，单位工业增加值能耗下降百分比均大于相对应年份单位GDP能耗下降百分比。

表2-3　　2005~2011年河北省单位GDP能耗等指标

年份	单位GDP能耗		单位GDP电耗		单位工业增加值能耗	
	指标值（吨标准煤/万元）	上升或下降（%）	指标值（千瓦时/万元）	上升或下降（%）	指标值（吨标准煤/万元）	上升或下降（%）
2005	1.96	—	1487.63	—	4.41	—
2006	1.895	-3.09	1515.9	1.9	4.19	-5.59
2007	1.843	-4.02	1579.76	2.86	3.87	-7.1
2008	1.727	-6.29	1492.81	-5.50	3.315	-14.33
2009	1.640	-5.02	1449.94	-2.52	2.999	-9.54
2010	1.583	-3.5	1466.76	1.16	2.733	-8.88
2011	1.3	-3.69	1461.48	-0.36	2.55	-6.68

资料来源：2006~2013年《中国统计年鉴》，自2014年起《中国统计年鉴》不再公布此数据。

2.1.2.2　能源加工转换效率

能源加工转换效率是指一定时期内，能源经过加工、转换后，产出的各种能源产品的数量与同期内投入加工转换的各种能源数量的比率。该指标是观察能源加工转换装置和生产工艺先进与落后、管理水平高低等的重要指标。计算公式为：

$$\text{能源加工转换效率} = \frac{\text{能源加工转换产出量}}{\text{能源加工转换投入量}} \times 100\%$$

表2-4列出了2005~2013年河北省能源加工转换效率，由表中数据可知，除供热和炼油外，与2005年相比，火力发电、洗煤、煤焦、加工型煤的

加工转换效率都有不同程度的提高，制气的加工转换效率波动幅度较大。

表 2-4　　2005~2013 年河北省能源加工转换效率

年份	总效率	火力发电	供热	洗煤	炼焦	炼油	制气	加工型煤
2005	66.31	32.36	65.94	81.87	90.98	97.82	54.16	97.98
2006	67.01	33.21	66.40	80.86	89.03	95.36	73.37	98.01
2007	69.73	33.89	64.85	83.21	93.16	99.78	60.51	97.01
2008	71.91	34.95	60.48	85.93	94.44	96.84	65.77	97.80
2009	73.01	35.76	57.05	87.07	92.94	96.90	50.98	98.10
2010	74.27	36.08	61.40	91.77	93.07	95.50	41.18	98.20
2011	75.92	36.96	69.68	91.38	93.89	97.44	49.35	99.07
2012	77.13	37.49	69.82	92.76	93.90	96.70	51.57	97.27
2013	77.60	37.72	68.42	93.64	96.48	97.22	53.76	88.96

资料来源：《河北经济年鉴（2014）》。

为了和全国水平进行比较，表 2-5 列出了全国水平的能源加工转换效率，由于指标不完全相同，此处仅比较炼焦和炼油。对比表 2-4 和表 2-5，河北省炼油能源加工转换效率略高于全国水平，但炼焦能源加工转换效率则落后于全国水平。

表 2-5　　2005~2013 年中国能源加工转换效率　　单位：%

年份	总效率	发电及电站供热	炼焦	炼油
2005	71.6	39.9	97.6	96.9
2006	71.2	39.9	97.8	96.9
2007	70.8	40.2	97.6	97.2
2008	71.6	41.0	97.8	97.2
2009	72.0	41.7	97.6	96.6
2010	72.8	42.4	96.4	96.9

续表

年份	总效率	发电及电站供热	炼焦	炼油
2011	72.3	42.4	96.4	97.0
2012	72.7	42.8	95.7	97.1
2013	73.0	43.1	95.6	97.7

资料来源：《中国统计年鉴（2015）》。

2.1.2.3 能源损失量

能源消费总量分为终端能源消费量、能源加工转换损失量和能源损失量三部分。能源加工转换损失量是指一定时期内，全部投入加工转换的各种能源数量之和与产出各种能源产品之和的差额。该指标是观察能源在加工转换过程中损失量变化的指标。能源损失量是指一定时期内，能源在输送、分配、储存过程中发生的损失和由客观原因造成的各种损失量，不包括各种气体能源放空、放散量。能源加工转换效率和能源加工转换损失量是用不同方法反映的相同内容，因此此处主要对能源损失量进行分析，能源加工转换损失量仅作为对比之用。

由表2-6可知，能源损失量除2006年较低外，基本上呈上升趋势，但如果考虑到能源消费总量，除2006年外，能源损失量占能源消费总量的变动基本没有变化，大致保持在2%。2011年，能源加工转换损失和能源损失量均大幅度减少。

表2-6　2005~2013年河北省能源损失量与能源加工转换损失量

年份	能源加工转换损失量（万吨标准煤）	能源损失量（万吨标准煤）	加工转换损失量占比（%）	损失量占比（%）
2005	896.00	403.00	4.52	2.03
2006	1071.24	247.36	4.94	1.60
2007	1061.25	482.01	4.52	2.05

续表

年份	能源加工转换损失量（万吨标准煤）	能源损失量（万吨标准煤）	加工转换损失量占比（%）	损失量占比（%）
2008	967.28	484.24	3.98	1.99
2009	1155.30	527.20	4.55	2.07
2010	1537.34	612.42	5.58	2.23
2011	40.77	368.53	0.14	1.25
2012	-125.36	642.42		2.12
2013	-823.3	685.92		2.20

资料来源：《河北经济年鉴（2014）》。

2.1.3 河北省主要行业能源利用效率分析

除了对河北省综合能耗进行分析外，还需要对各行业能耗利用效率进行分析，以确定节能降耗的重点行业，抓住工业节能的关键点。

根据规模以上工业企业分行业能源消耗情况（见表 2-7），2005～2013 年，规模以上工业企业综合能源消耗量逐年增多。由于没有考虑到规模以上工业企业增加值变动情况，能源消耗量数据不能说明太多问题，但可以发现耗能大户。根据《河北经济年鉴》，煤炭开采和洗选业，石油加工、炼焦及核燃料加工业，化学原料及化学制品制造业，非金属矿物制品业，黑色金属冶炼及压延加工业，电力、热力的生产和供应业为六大高耗能行业。以 2011 年的统计数据为例，六大行业的综合能源消费均已经超过了 18981.84 万吨标准煤，特别是黑色金属冶炼及压延加工业占规模以上工业综合能源消费总量的 51.52%。六大高耗能产业企业所消耗的能源总量占当年河北省规模以上工业综合能源消费总量的 90.84%，并且自 2005～2011 年这个比例始终保持在 90% 的相对稳定水平。

表 2－7　规模以上工业企业分行业能源消耗情况

单位：万吨标准煤

行业	2005 年	2006 年	2007 年	2008 年	2009 年	2010 年	2011 年	2012 年	2013 年
煤炭开采和洗选业	839.67	793.68	724.44	804.75	793.35	868.84	938.46	943.96	911.97
石油加工、炼焦及核燃料加工业	730.46	713.88	717.54	588.24	592.49	625.67	779.89	811.10	831.05
化学原料及化学制品制造业	1041.7	1131.6	1276.3	1191.8	1010.2	986.6	1083.4	1119.8	1237.9
非金属矿物制品业	892.68	1132.1	1215	1108.4	1093.6	1115.4	1305.8	1190.4	1124.0
黑色金属冶炼及压延加工业	5863.9	6977.7	7735.2	7817.8	8466.1	8812.6	9911	10424	10765
电力、热力的生产和供应业	3175	3389.4	3487.8	3407.5	3416.5	3882	4074.2	4079.3	4111.8
其他行业能耗	1432.9	1721.2	1835.1	1765.3	1787.5	1826.9	1903.6	1888.7	1914
石油和天然气开采业	110.85	112.47	123.4	91.91	68.92	64.93	61.36	53.76	54.36
黑色金属矿采选业	89.35	148.66	155.07	189.04	169.76	217.41	231.01	278.38	291.88
有色金属矿采选业	4	4.72	4.7	6.78	6.39	7.13	4.78	5.59	5.81
非金属矿采选业	15.07	18.02	15.81	13.20	14.30	21.48	19.24	18.02	16.71
农副食品加工业	163.06	196.81	205.49	210.90	207.73	202.30	215.17	221.39	224.82
食品制造业	68.89	92.9	95.31	82.82	65.64	55.27	64.64	74.55	79.30
饮料制造业	38.18	43.95	53.76	55.39	51.82	51.82	52.74	47.07	42.00
烟草制品业	3.82	3.99	4.22	4.09	3.66	3.11	2.90	2.82	2.59
纺织业	113.73	140.72	140.9	131.09	127.04	131.88	129.61	133.14	131.37
纺织服装、鞋、帽制造业	10.17	14.45	13.98	11.71	12.07	13.01	11.57	12.47	16.87
皮革、毛皮、羽毛（绒）及其制品业	21.65	45.63	48.87	43.99	45.84	40.54	38.38	40.57	37.24
木材加工及木、竹、藤棕草制品业	19.87	28.27	35.23	37.73	44.84	43.26	44.66	43.16	43.88
家具制造业	5.12	11.47	11.59	12.73	11.58	14.48	14.24	14.24	14.36

续表

行业	2005 年	2006 年	2007 年	2008 年	2009 年	2010 年	2011 年	2012 年	2013 年
造纸及纸制品业	177. 01	195. 22	191. 89	172. 91	154. 28	138. 96	130. 72	125. 52	118. 94
印刷业和记录媒介的复制	3. 38	9. 02	8. 29	8. 15	6. 21	8. 78	7. 29	9. 19	11. 64
文教体育用品制造业	0. 9	1. 62	1. 92	1. 66	1. 85	2. 11	1. 87	7. 18	8. 85
医药制造业	97. 85	99. 74	109. 26	105. 89	96. 13	118. 78	124. 09	113. 00	95. 56
化学纤维制造业	47. 12	37. 84	36. 41	30. 72	29. 88	27. 60	27. 14	26. 22	26. 62
橡胶制品业	28. 33	30. 82	39. 94	45. 77	50. 88	56. 74	49. 32	96. 51	94. 89
塑料制品业	53. 29	69. 52	64. 71	65. 69	66. 95	63. 37	48. 31	36. 23	42. 74
有色金属冶炼及压延加工业	34. 24	38. 03	40. 84	38. 12	125. 03	35. 47	38. 58	166. 05	190. 21
金属制品业	52. 57	70. 8	96. 53	79. 81	86. 46	84. 82	98. 85	77. 71	69. 99
通用设备制造业	73. 29	126. 54	148. 97	132. 49	135. 77	189. 81	245. 27	74. 72	88. 30
专用设备制造业	63. 49	50. 58	51. 94	57. 10	59. 49	66. 09	63. 46	69. 32	71. 91
交通运输设备制造业	74. 11	48. 71	60. 01	58. 80	62. 88	73. 03	81. 83	24. 25	22. 37
电气机械及器材制造业	33. 29	37. 7	43. 12	43. 32	48. 64	56. 03	62. 76	66. 33	66. 90
通信设备、计算机及其他电子设备制造业	11. 37	12. 54	13. 21	12. 68	12. 04	18. 72	17. 79	17. 86	17. 78
仪器仪表及文化、办公用机械制造业	4. 04	4. 74	5. 74	5. 32	5. 37	3. 99	1. 97	1. 73	1. 47
工艺品及其他制造业	4. 47	5. 4	3. 81	4. 11	3. 84	5. 00	4. 99	1. 23	1. 86
废弃资源和废旧材料回收加工业	0. 68	1. 38	1. 8	3. 06	2. 88	3. 28	2. 46	7. 81	6. 70
燃气生产和供应业	3. 24	12. 5	2. 29	2. 18	3. 44	1. 52	1. 76	2. 07	7. 20
水的生产和供应业	6. 48	6. 48	6. 09	6. 16	5. 91	6. 16	4. 90	5. 42	5. 91

资料来源：《河北经济年鉴（2014）》。

2.1.4 河北省节能效果的综合比较分析

一般情况下，通常采用能源强度来代表能源效率，能源强度越大，表明能源效率越低，节能效果越差。当然也可以对能源强度取倒数求能源生产率，能源生产率越高，说明能源利用效率越高。本书从省际能源强度的对比分析入手，分析河北省与先进省份的差距，从而为节能目标的实现提供依据。

表2－8列出了2005～2009年各省、自治区、直辖市单位工业增加值能耗及排序情况。“十五”末期的2005年，河北省单位工业增加值能耗排在全国第25位，单位工业增加值能耗仅低于山西、内蒙古、贵州、甘肃、宁夏。在“十一五”的前三年，即2006年、2007年、2008年，河北省单位工业增加值能耗一直排在全国第25位，没有发生任何变化。2009年河北省单位工业增加值能耗有所降低，排在全国第24位。由于只有2010年《中国统计年鉴》有各地区单位工业增加值能耗，为了避免和国家统计局公布数据口径不一致，本书没有对数据进行拓展，下面将采用单位GDP能耗进行进一步的分析。

表2－8　2005～2009年各省、自治区、直辖市单位工业增加值能耗

单位：吨标准煤/万元

地区	2005年	2006年	2007年	2008年	2009年
北京	1.50	1.33	1.19	1.037	0.909
天津	1.45	1.33	1.22	1.053	0.911
河北	4.41	4.19	3.87	3.315	2.999
山西	6.57	5.89	5.42	4.885	4.550
内蒙古	5.67	5.37	4.88	4.190	3.557
辽宁	3.11	2.92	2.65	2.426	2.257
吉林	3.25	2.80	2.37	1.979	1.621

续表

地区	2005 年	2006 年	2007 年	2008 年	2009 年
黑龙江	2.34	2.23	2.09	1.895	1.382
上海	1.18	1.20	1.01	0.958	0.957
江苏	1.67	1.57	1.41	1.265	1.107
浙江	1.49	1.43	1.30	1.182	1.123
安徽	3.13	2.86	2.63	2.338	2.100
福建	1.45	1.37	1.32	1.180	1.150
江西	3.11	2.72	2.30	1.941	1.674
山东	2.15	2.02	1.89	1.698	1.543
河南	4.02	3.78	3.45	3.079	2.708
湖北	3.50	3.33	3.02	2.679	2.350
湖南	2.88	2.74	2.51	1.983	1.570
广东	1.08	1.04	0.98	0.869	0.809
广西	3.19	2.88	2.61	2.335	2.235
海南	3.65	3.15	2.71	2.609	2.613
重庆	2.75	2.63	2.41	2.106	1.854
四川	3.52	2.82	2.62	2.477	2.249
贵州	5.38	5.21	4.89	4.323	4.320
云南	3.55	3.40	3.16	2.847	2.739
陕西	2.62	2.46	2.27	2.009	1.367
甘肃	4.99	4.59	4.29	4.050	3.530
青海	3.44	3.64	3.47	3.243	2.936
宁夏	9.03	8.68	8.12	7.130	6.509
新疆	3.00	2.91	2.78	2.999	3.095

注：地区生产总值和工业增加值按 2005 年价格计算。

根据表 2－8 中的数据，单位工业增加值排序前 8 名（按升序）的均为发达省市，以 2009 年为例，前 8 名依次为广东、北京、天津、上海、江苏、浙江、福建、陕西。沿海地区只有辽宁、河北、广西、海南在前 10 名以外，恰好这四个省份的经济发展水平相对不高。经济发展水平高的地区有经济基础采用先进的技术、设备和工艺流程等，吸引高级人才来掌握这些先进的技术、设备和工艺流程以及管理方法。节能更多体现的是经济效益，而减排更多体现的是社会效益，因此，节能基础加上节能动力，经济地达地区在能耗利用效率上便走到了前面。

以单位GDP能耗更能反映经济发展水平与单位工业增加值之间的反向关系。值得一提的是，2014年单位GDP能耗最高的省份为宁夏、青海、新疆、山西、甘肃、贵州、内蒙古，河北紧随其后，排在第8位，且这一顺序2011年来基本没有变化。河北和这七个省份情况有所不同，这七个地区能源资源丰富，但能源强度又最高，类似于“资源诅咒”现象，即能源资源丰富而能耗利用效率却很低。

图2－2仅是对经济发展水平与单位GDP能耗关系做了描述性分析，这种关系成立与否还需进行统计显著性检验。表2－9的相关性检验结果表明，单位GDP能耗与人均GDP的相关系数为－0.427，检验的p值为0.019，相关系数在0.05的显著性水平下显著相关。

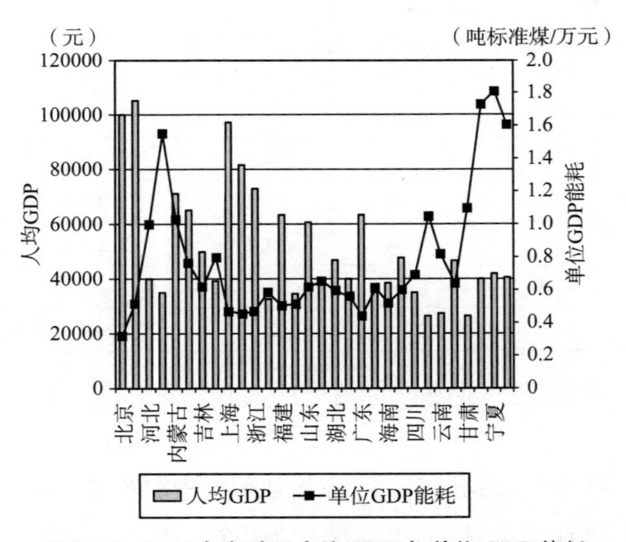

图2－2　2014年各地区人均GDP与单位GDP能耗

注：由于没有西藏能源的数据，只有30个省市的数据。

表 2 – 9　　单位 GDP 能耗与人均 GDP 相关性检验
（Pearson 相关性显著性（双侧）N）

项目	单位 GDP 能耗	人均 GDP
单位 GDP 能耗	1	–0.427*
		0.019
	30	30
人均 GDP	–0.427*	1
	0.019	
	30	30

注：* 表示在 0.05 水平（双侧）上显著相关。

如果我们对 2014 年各省人均 GDP 进行排序（按从大到小顺序），河北省人均 GDP 排在全国第 18 位，而单位 GDP 能耗却排在全国第 8 位，这种不协调情况应归因于各省增加值结构。由于各产业能源强度不同，产业结构差异会影响各地区的能源效率。魏楚（2009）计算了我国 31 个省份（不包括西藏）的三次产业平均能源强度，其中第一产业的平均能源强度为 0.2738 吨标准煤/万元，第二产业的平均能源强度为 1.5857 吨标准煤/万元，第三产业的平均能源强度为 0.3661 吨标准煤/万元（2007 年当年价格），从中可以看出第二产业的平均能源强度远远大于第一产业和第三产业。因此，降低第二产业比重将会提高能源的利用效率。

2.2　河北省环境状况

2.2.1　河北省废水排放情况

2.2.1.1　河北省废水排放总量

1998 ~ 2013 年，河北省废水排放总量呈上升趋势（2000 年除外），但工业废水排放量的变动趋势呈“W”状，最高为2006年的13亿吨，最低为2000年的9亿吨。2006年起工业废水排放增长率为负值，2010年起转变为正值，2011年进一步上升为4.4%，表明在完成“十一五”计划后，河北省对工业废水排放重视程度下降。2013年工业废水排放量大幅下降。见表2－10。

表2－10　　河北省废水排放情况

年份	废水排放总量		工业废水排放量		生活污水排放量		工业废水治理投资总额（万元）
	总量（亿吨）	增长率（%）	总量（亿吨）	增长率（%）	总量（亿吨）	增长率（%）	
1998	16.0		10.6		5.4		31447
1999	16.0	0.1	9.7	-8.5	6.3	16.5	23981
2000	14.8	-7.6	9.0	-7.6	5.8	-7.2	39936
2001	16.7	12.9	10.3	15.0	6.4	9.8	17479
2002	17.4	4.2	10.7	3.9	6.7	4.7	32606
2003	18.1	4.0	10.8	0.9	7.3	9.0	33438
2004	20.7	14.2	12.7	17.6	7.9	8.7	31405
2005	20.9	0.9	12.5	-1.6	8.4	5.8	59177
2006	22.2	6.5	13.0	4.0	9.2	9.5	38501
2007	22.3	0.4	12.4	-4.6	9.9	8.0	60761
2008	23.5	5.3	12.1	-2.4	11.4	14.7	97076
2009	24.5	4.4	11.0	-9.1	13.5	18.4	35817
2010	26.3	7.2	11.4	3.6	14.8	9.9	24678
2011	27.9	6.1	11.9	4.4	16.0	7.9	70721
2012	30.6	9.7	12.3	3.4	18.3	14.4	
2013	31.1	1.6	11.0	-10.6	20.1	9.8	

2009年之前河北省工业废水排放量大于生活污水排放量，从2009年开始，生活污水排放量不仅从总量上超过工业废水排放量，2005年后，生活污水排放量增长率的变动幅度已明显大于废水排放总量增长率的变动幅度。

2.2.1.2 河北省废水排放量的构成

（1）COD 排放分析。从表 2－11 可以看出，1998～2010 年河北省 COD 排放总量主要集中在 60 万～70 万吨，1998～2010 年，先下降后上升之后又下降。1999～2003 年、2007～2010 年，河北省 COD 排放总量增长率均为负值，这些时期内，河北省 COD 排放总量与前一年相比均出现负增长的情况。COD 排放总量在 2004～2006 年呈上升趋势。2011 年起由于统计范围中加入了农业源的排放，故大幅上涨，但 2012 年、2013 年仍然是下降的。

表 2－11　　河北省化学需氧量排放量

年份	化学需氧量排放总量		工业废水中化学需氧量排放量		生活污水中化学需氧量排放量	
	总量（万吨）	增长率（%）	总量（万吨）	增长率（%）	总量（万吨）	增长率（%）
1998	87.4		63.8		23.5	
1999	79.9	－8.6	58.1	－9.0	21.8	－7.5
2000	70.7	－11.5	49.2	－15.2	21.4	－1.7
2001	65.2	－7.7	40.1	－18.6	25.1	17.2
2002	64.0	－1.8	36.6	－8.7	27.4	9.2
2003	63.7	－0.5	35.4	－3.3	28.3	3.3
2004	65.8	3.3	37.6	6.2	28.2	－0.3
2005	66.0	0.3	38.9	3.6	27.1	－3.8
2006	68.8	4.2	35.8	－8.0	33.0	21.5
2007	66.7	－3.1	32.8	－8.3	33.9	2.9
2008	60.5	－9.3	24.9	－24.1	35.6	5.0
2009	57.0	－5.8	23.0	－7.5	34.0	－4.6
2010	54.6	－4.2	21.8	－5.4	32.8	－3.4
2011	138.9	154.4	19.4	－11.0	24.6	－25.0
2012	134.9	－2.9	19.2	－1.03	23.1	－6.1
2013	131	－2.9	17.4	－9.4	23.3	0.87

河北省工业废水中COD排放量变动趋势与河北省COD排放总量变动趋势基本保持一致。1998～2013年，二者的趋势的第一次低谷均发生在2003年。河北省工业废水中COD排放量的增长率变动趋势与COD排放总量增长率的变动趋势也基本保持一致，不同的是河北省工业废水中COD排放量增长率的变动幅度较河北省COD排放总量的变动幅度大。

反观河北省生活污水中COD的排放量，它与上述二者的走势在2000～2003年的走势完全相反，呈上升趋势。2003年之后，经历了下降、上升再下降的过程。河北省生活污水中COD排放量的增长率变动幅度较大，且1998～2010年有半数年份增长率大于0，最高为21.5%，出现在2006年，最低为2011年的－25%。

此外，在2007年以前，河北省工业废水中COD排放量占COD排放总量的比重大于生活污水中COD排放量所占的比重。2007年开始，出现相反的现象。说明河北省在对工业废水中COD排放量的治理取得了一定成效，但随着人民生活水平的提高，生活污水中COD排放量的治理还有待改善。

（2）氨氮排放分析。从表2－12可以看出，2002～2010年河北省氨氮排放总量集中在6万～7万吨，河北省生活氨氮排放量的波动幅度小于工业氨氮排放量的波动幅度，也小于氨氮排放总量的波动幅度。

表2－12　　河北省氨氮排放量

年份	氨氮排放总量		工业氨氮排放量		生活氨氮排放量	
	总量（万吨）	增长率（%）	总量（万吨）	增长率（%）	总量（万吨）	增长率（%）
2002	6.9		3.5		3.4	
2003	6.5	－5.8	3.0	－14.3	3.5	2.9
2004	6.3	－3.4	2.9	－4.0	3.4	－2.9
2005	6.9	9.7	3.6	24.8	3.3	－3.0
2006	6.8	－1.6	3.2	－11.5	3.6	9.4
2007	6.1	－10.8	2.4	－25.7	3.7	2.2

续表

年份	氨氮排放总量		工业氨氮排放量		生活氨氮排放量	
	总量（万吨）	增长率（%）	总量（万吨）	增长率（%）	总量（万吨）	增长率（%）
2008	5.6	-7.8	1.7	-26.4	3.9	4.1
2009	5.5	-1.3	1.7	-0.9	3.8	-1.3
2010	5.5	-0.9	1.8	5.7	3.6	-4.2
2011	11.4	107	1.8	-2.7	5.0	38.1
2012	11.1	2.6	1.6	-11.1	4.9	2
2013	10.7	3.6	1.4	-12.5	4.9	0

2008 年之前河北省工业氨氮排放量呈小幅波动，2008 年开始至 2010 年，河北省工业氨氮排放量基本持平在 1.7 万 ~1.8 万吨。但相较于河北省氨氮排放总量增长率和河北省生活氨氮排放量增长率来说，河北省工业氨氮排放量增长率波动幅度较大。

河北省生活氨氮排放量除 2011 年大幅增加外基本呈小幅波动。从 2003 年开始河北省生活氨氮排放量在总排放量中所占的比重超过工业氨氮所占比重。河北省氨氮排放总量主要来自河北省生活氨氮的排放量。

由于统计范围的修订，2011 年起河北省氨氮排放总量大幅增加。2011 年之前河北省氨氮排放总量波动下降，除 2005 年外，河北省氨氮排放总量增长率均小于 0。

近年来，河北省不断加强环境的监督管理，先后出台一系列法律措施改善河北省水环境，加强对污染源的现场监督检查，先后出台实施了《河北省“碧水、蓝天、绿地”计划》《河北省海河流域水污染防治规划》《关于加快水污染、城市空气和垃圾污染综合治理的通知》《海河流域水污染防治规划》《渤海碧海行动计划》《首都 21 世纪初期水资源可持续利用规划》《南水北调水污染防治规划》《关于加强水环境安全严防污染事件发生的紧急通知》《河北省城市污水处理费征收管理办法》等。与此同时，河北省不断提高工业重复用水率，排放达标率，新增废水治理能力。不断加强监督管理，防治新污染源产生，并对敏感区域进行重点监督，加强污水处理厂建设、水质自动连测站和执法机构，加快产业结构调整，健全和完善全流域跨界断面水质考核与财政扣缴补偿金挂钩的生态补偿机制，着力强化地方政府和排污企业的责任意识。因此，虽然河北省废水排放总量伴随着经济增长不断增加，但工业废水排放量有下降的势头，河北省废水排放量和工业废水排放量中的主要污染物也有下降趋势。

2.2.2 河北省废气排放情况

2.2.2.1 河北省二氧化硫排放量

河北省二氧化硫排放总量和全国二氧化硫排放总量、河北省工业二氧化硫排放量和全国工业二氧化硫排放量变动趋势整体一致，大体经历了“下降—上升—下降—上升”的过程。不论是河北省还是全国二氧化硫的排放总量都主要受工业二氧化硫排放量的影响，2002 年之后开始出现明显的大幅上涨，2006 年前后出现下降。河北省生活二氧化硫排放量变动幅度不大，一直在 20 万吨左右波动，最大为 24 万吨，最小为 9.5 万吨，全国生活二氧化硫排放量则整体呈下降趋势（见表 2－13）。

表 2－13　河北省二氧化硫排放量

年份	二氧化硫排放量（万吨）		工业二氧化硫排放量（万吨）		生活二氧化硫排放量（万吨）		工业废气排放总量（亿标立方米）	
	河北	全国	河北	全国	河北	全国	河北	全国
1998	140.3	2091.4	121.2	1594.4	19.1	497.0	9506	121203
1999	132.6	1857.5	111.7	1460.1	21.0	397.4	9032	126807
2000	132.1	1995.1	113.4	1612.5	18.8	382.6	9858	138145

续表

年份	二氧化硫排放量（万吨）		工业二氧化硫排放量（万吨）		生活二氧化硫排放量（万吨）		工业废气排放总量（亿标立方米）	
	河北	全国	河北	全国	河北	全国	河北	全国
2001	128.9	1947.2	109.6	1566.0	19.3	381.2	11457	160863
2002	127.9	1926.6	105.3	1562.0	22.6	364.6	12743	175257
2003	142.2	2158.5	119.5	1791.6	22.7	366.9	15768	198906
2004	142.8	2254.9	121.5	1891.4	21.3	363.5	21696	237696
2005	149.6	2549.4	128.1	2168.4	21.4	381.0	26518	268988
2006	154.5	2588.8	132.6	2234.8	22.0	354.0	39254	330990
2007	149.2	2468.1	129.4	2140.0	19.8	328.1	48036	388169
2008	134.5	2321.2	115.9	1991.4	18.6	329.9	37558	403866
2009	125.3	2214.4	104.3	1865.9	21.1	348.5	50779	436064
2010	123.4	2185.1	99.4	1864.4	24.0	320.7	56324	519168
2011	141.2	2217.9	131.7	2017.2	9.5	200.4	77185	674509
2012	134.1	2117.6	123.9	1911.7	10.2	205.7		635519
2013	128.5	2049.3	117.3	1835.2	11.2	208.5	79123.3	669361

注：2013年《中国环境年鉴》没有公布各地区工业废气排放总量数据。

河北省二氧化硫排放量增长率和全国二氧化硫排放量增长率、河北省工业二氧化硫排放量增长率和全国工业二氧化硫排放量增长率变动趋势基本保持一致，1999～2010年在－10%～15%上下浮动，2011年，河北省二氧化硫排放量以及工业二氧化硫排放量大幅增加较2010年分别上涨14.4%和32.5%。1999～2010年河北省生活二氧化硫排放量增长率在－10%～20%波动，全国生活二氧化硫排放量增长率在－20%～5%波动，2011年，二者同时出现大幅下降。2011年河北省生活二氧化硫排放量较2010年下降了60.5%，2011年全国生活二氧化硫排放量较2010年下降了37.5%。

2.2.2.2 河北省烟尘、粉尘排放量

河北省烟尘排放总量和全国烟尘排放总量总体呈下降趋势，河北省工业烟尘排放总量及全国工业烟尘排放量总体上也呈现下降趋势，1998～2001年河北省烟尘排放总量及工业烟尘排放量呈下降趋势，2002～2006年河北省烟尘及工业烟尘排放量呈平稳波动。2007年开始，河北省积极采取大量措施着重烟尘的治理，加强工业污染源、建筑烟尘、机动车尾气的防治，推进清洁生产，调整产业结构，合理布局城市工厂分布，故2006年之后河北省烟尘排放量和河北省工业烟尘排放量呈现明显的下降趋势。1998～2002年全国烟尘排放总量及工业烟尘排放量总体呈下降趋势，2003～2005年缓慢上涨，2005年之后连续下降。河北省生活烟尘排放量除2000年较低为11.6万吨外，基本围绕20万吨波动。全国生活烟尘排放量在200万吨左右波动。全国工业粉尘排放量呈波动下降趋势。河北省工业粉尘排放量在2002～2004年间出现小幅增长，其余时间呈下降趋势。由于统计范围的变化，2011年河北省烟（粉）尘排放量为132.2万吨，其中工业烟（粉）尘排放量为122.4万吨，生活烟（粉）尘排放量为4.3万吨，机动车烟（粉）尘排放量为5.6万吨，集中式污染治理设施39吨。2011年全国烟（粉）尘排放量为1278.8万吨，其中工业烟（粉）尘排放量为1100.9万吨，生活烟（粉）尘排放量为114.8万吨，机动车烟（粉）尘排放量为62.9万吨，集中式污染治理设施烟（粉）尘排放量为2742吨。

河北省烟尘排放量增长率除2002年，2004年和2005年外，均为负值，可见2005～2010年河北省烟尘排放量逐年递减。全国烟尘排放量增长率除2003～2005年为正值外，均小于0，亦从2005年开始至2010年全国烟尘排放量逐年递减。

1999～2002年以及2006～2010年河北省工业烟尘排放量增长率与全国工业烟尘排放量增长率均小于0，河北省工业烟尘排放量与全国工业烟尘排放量在这段时期内较前一年实现负增长。2003年和2004年河北省工业烟尘

排放量增长率大于0，河北省工业烟尘排放量在该时期内较前一年呈现正增长。2003~2005年全国工业烟尘排放量增长率均大于0，全国工业烟尘排放量在该时期内与前一年相比呈现正增长。

1999~2010年河北省生活烟尘排放量增长率由开始的大幅波动逐渐趋向平稳，相较于河北省生活烟尘排放量增长率，全国生活烟尘排放量增长率一直保持着较为平稳的波动。2006年开始河北省生活烟尘排放量增长率与全国生活烟尘排放量增长率变动趋势基本一致，在-10%~10%之间上下波动。

河北省工业粉尘排放量增长率除2003年与2004年之外均为负值，即1998~2002年，2004~2010年河北省工业粉尘排放量呈递减趋势。全国工业粉尘排放量增长率除2003年及2005年之外均小于0，即全国工业粉尘排放量在1998~2002年、2003~2004年，2005~2010年呈递减趋势。河北省工业粉尘排放量与全国工业粉尘排放量都大体呈下降趋势，二者的增长率虽有波动，但整体也呈现下降趋势。具体见表2-14。

表2-14　　河北省烟尘与粉尘排放量　　单位：万吨

年份	烟尘排放量		工业烟尘排放量		生活烟尘排放量		工业粉尘排放量	
	河北	全国	河北	全国	河北	全国	河北	全国
1998	103.2	1455.1	79.2	1178.5	24.0	276.6	100.6	1321.2
1999	91.4	1159.0	71.4	953.4	20.0	205.6	90.7	1175.3
2000	78.8	1165.4	67.2	953.3	11.6	212.1	81.3	1092.0
2001	71.9	1069.9	55.2	852.1	16.7	217.9	67.3	990.6
2002	73.8	1012.7	54.5	804.2	19.3	208.5	63.0	941.0
2003	70.0	1048.5	53.9	846.1	16.0	202.5	65.5	1021.3
2004	72.3	1095.0	54.2	886.5	18.2	208.5	72.4	904.8
2005	73.2	1182.5	56.0	948.9	17.3	233.6	71.3	911.2

续表

年份	烟尘排放量		工业烟尘排放量		生活烟尘排放量		工业粉尘排放量	
	河北	全国	河北	全国	河北	全国	河北	全国
2006	72.3	1088.8	55.3	864.5	17.0	224.3	64.6	808.4
2007	62.3	986.6	46.4	771.1	15.9	215.5	53.2	698.7
2008	56.8	901.6	39.6	670.7	17.2	230.9	50.7	585.0
2009	51.9	847.7	33.0	604.4	18.9	243.3	42.7	523.6
2010	50.0	829.1	32.3	603.2	17.7	225.9	32.1	448.7

注：2011 年后《中国环境年鉴》不再公布以上数据。

2.2.2.3 河北省二氧化碳排放量

鉴于现有的统计资料中没有温室气体排放数据，本书将依据二氧化碳排放的计算公式来估算河北省二氧化碳排放量。

$$CO_2 = \sum_{i=1}^{3} \frac{E_i}{E} \times \frac{CO_{2i}}{E_i} \times E + 电力净调入量 \times 1.246$$

$$= \sum_{i=1}^{3} S_i \times F_i \times E + 电力净调入量 \times 1.246$$

其中，E 为能源消费量，E_i 为各类能源（主要指一次能源中的煤炭、石油和天然气）消费量，S_i 为各类能源消费占能源消费总量的比重、用于表示能源消费构成，F_i 为各类能源的二氧化碳碳排放系数。

本书采用2005 年国家温室气体减排清单确定的各类能源的二氧化碳排放因子来折算河北省的能源消耗二氧化碳排放量。各类能源的二氧化碳排放因子分别为：煤炭的排放因子为 2.64 吨二氧化碳/吨标准煤；石油的排放因子为 2.08 吨二氧化碳/吨标准煤；天然气的排放因子为 1.63 吨二氧化碳/吨标准煤；区域电网供电的排放因子为 1.246 吨二氧化碳/吨标准煤。

相关数据和数据处理结果如表 2 - 15 和表 2 - 16 所示。

表2-15　　河北省1980~2013年河北省能源消耗及碳排放状况

年份	煤炭消费总量（万吨标准煤）	石油消费总量（万吨标准煤）	天然气消费总量（万吨标准煤）	电力净调入量（万吨标准煤）	二氧化碳排放总量（万吨）	二氧化碳排放强度（吨/万元）	能源消耗强度（标准煤/万元）	人均二氧化碳排放（吨/人）
1980	2652.43	402.54	59.29	-6.18	7873.663	10.82	4.29	1.52
1981	3268.65	297.48	58.04	0.00	9342.601	12.71	4.94	1.78
1982	3449.31	402.33	69.94	0.00	10057.04	12.24	4.78	1.88
1983	3735.81	384.67	49.81	-0.37	10740.11	11.72	4.57	1.98
1984	3892.36	515.07	56.83	-0.05	11439.31	10.91	4.27	2.08
1985	4089.87	380.28	71.87	-22.33	11479	9.73	3.86	2.07
1986	4550.23	429.73	80.76	-20.63	12828.89	10.35	4.10	2.28
1987	4979.47	447.96	73.93	-6.40	14133.16	10.22	3.99	2.48
1988	5398.95	471.03	70.95	-127.15	14059.52	8.96	3.80	2.43
1989	5599.84	477.50	67.24	-122.57	14643.75	8.79	3.70	2.49
1990	5532.62	484.43	80.84	-121.56	14513.07	8.24	3.48	2.36
1991	5865.51	496.40	86.08	-149.80	15139.01	7.74	3.31	2.43
1992	6220.17	533.51	92.01	-198.68	15666.65	6.93	3.04	2.50
1993	7085.16	663.55	75.47	-190.21	18279.59	6.87	2.95	2.89
1994	7386.88	678.81	88.22	18.89	21248.61	6.95	2.67	3.33
1995	8032.51	759.41	83.59	-5.86	22862.23	6.56	2.55	3.55
1996	8093.78	737.42	88.49	-25.96	22782.52	5.76	2.26	3.51
1997	8159.52	782.26	78.59	-28.77	23004.63	5.17	2.03	3.53
1998	8206.72	853.80	80.53	-6.82	23503.77	4.77	1.86	3.58
1999	8442.28	844.13	82.54	-32.19	23851.63	4.44	1.75	3.61
2000	10181.38	914.69	94.04	-43.11	28497.59	4.85	1.90	4.27
2001	11125.76	898.88	84.80	-70.61	30664.08	4.80	1.89	4.58
2002	12214.21	1092.47	93.83	-59.52	34067.35	4.86	1.91	5.06
2003	14193.38	992.83	100.97	13.27	39834.76	5.09	1.96	5.88
2004	15810.78	1389.56	130.11	44.31	45291.99	5.13	1.96	6.65

续表

年份	煤炭消费总量（万吨标准煤）	石油消费总量（万吨标准煤）	天然气消费总量（万吨标准煤）	电力净调入量（万吨标准煤）	二氧化碳排放总量（万吨）	二氧化碳排放强度（吨/万元）	能源消耗强度（标准煤/万元）	人均二氧化碳排放（吨/人）
2005	18213.41	1477.78	121.00	200.68	53389	5.33	1.98	7.79
2006	19961.21	1665.07	146.02	394.24	60395.86	5.32	1.92	8.76
2007	21783.23	1620.30	160.38	460.83	65811.36	5.14	1.84	9.48
2008	22451.52	1622.27	227.99	616.40	69267.27	4.91	1.72	9.91
2009	23514.92	1578.51	307.57	776.54	73736.88	4.75	1.64	10.48
2010	23576.03	2029.76	395.40	821.59	75436.62	4.33	1.51	10.49
2011	25012.05	2280.50	466.63	909.12	80752.76	4.17	1.45	11.15
2012	25558.33	2150.20	587.57	868.84	81712.74	3.85	1.35	11.21
2013	26309.10	2140.81	662.82	914.23	84258.06	3.67	1.29	11.49

资料来源：《新中国六十年统计资料汇编》《河北经济年鉴（2015）》《中国能源统计年鉴（2015）》《新河北60年》。

与河北省二氧化碳排放量估算方式相同，我国二氧化碳排放数据如表2－16所示。

表2－16　　全国1980～2013年能源消耗及碳排放状况

年份	煤炭消费总量（万吨标准煤）	石油消费总量（万吨标准煤）	天然气消费总量（万吨标准煤）	二氧化碳排放总量（万吨）	二氧化碳排放强度（吨/万元）	能源消耗强度（标准煤/万元）	人均二氧化碳排放（吨/人）
1980	43518.55	12476.93	1868.53	143886.67	8.11	3.40	1.46
1981	43217.97	11889.40	1664.52	141538.55	7.59	3.19	1.41
1982	45743.38	11730.66	1551.68	147691.53	7.26	3.05	1.45
1983	49001.68	11953.24	1584.96	156810.66	6.96	2.93	1.52
1984	53390.71	12337.30	1701.70	169386.82	6.52	2.73	1.62

续表

年份	煤炭消费总量（万吨标准煤）	石油消费总量（万吨标准煤）	天然气消费总量（万吨标准煤）	二氧化碳排放总量（万吨）	二氧化碳排放强度（吨/万元）	能源消耗强度（标准煤/万元）	人均二氧化碳排放（吨/人）
1985	58124.96	13112.62	1687.00	183473.95	6.23	2.60	1.73
1986	61284.30	13906.20	1859.55	193746.51	6.03	2.52	1.80
1987	66013.58	14727.44	1819.27	207874.35	5.79	2.42	1.90
1988	70770.72	15902.49	1952.94	223095.15	5.59	2.33	2.01
1989	73766.77	16575.71	2035.61	232539.82	5.59	2.33	2.06
1990	75211.69	16384.70	2072.76	236017.63	5.46	2.28	2.06
1991	78978.86	17746.89	2075.66	248801.06	5.27	2.20	2.15
1992	82641.69	19104.75	2074.23	261292.94	4.84	2.02	2.23
1993	86646.77	21110.73	2203.87	276250.09	4.49	1.89	2.33
1994	92052.75	21356.24	2332.00	291241.40	4.19	1.76	2.43
1995	97857.30	22955.80	2361.17	309940.03	4.01	1.70	2.56
1996	99366.12	25280.90	2433.46	318877.37	3.76	1.59	2.61
1997	97039.03	27725.44	2446.36	317839.51	3.43	1.47	2.57
1998	96554.46	28326.27	2451.31	317818.05	3.18	1.36	2.55
1999	99241.71	30222.34	2811.38	329443.13	3.06	1.31	2.62
2000	100670.34	32332.08	3233.21	338290.55	2.90	1.26	2.67
2001	105771.96	32975.96	3733.13	353912.98	2.80	1.23	2.77
2002	116160.25	35611.17	3900.27	387091.72	2.81	1.23	3.01
2003	138352.27	39613.68	4532.91	455035.08	3.00	1.30	3.52
2004	161657.26	45825.92	5296.46	530726.32	3.18	1.38	4.08
2005	189231.16	46523.68	6272.86	606564.27	3.26	1.41	4.64
2006	207402.11	50131.73	7734.61	664422.97	3.17	1.37	5.05
2007	225795.45	52945.14	9343.26	721455.39	3.02	1.30	5.46
2008	229236.87	53542.04	10900.77	734321.02	2.80	1.22	5.53
2009	240666.22	55124.66	11764.41	769194.10	2.69	1.17	5.76
2010	249568.42	62752.75	14425.92	812900.59	2.57	1.14	6.06

续表

年份	煤炭消费总量（万吨标准煤）	石油消费总量（万吨标准煤）	天然气消费总量（万吨标准煤）	二氧化碳排放总量（万吨）	二氧化碳排放强度（吨/万元）	能源消耗强度（标准煤/万元）	人均二氧化碳排放（吨/人）
2011	271704.19	65023.22	17803.98	881567.84	2.54	1.12	6.54
2012	275464.53	68363.46	19302.62	900885.63	2.41	1.08	6.65
2013	280999.36	71292.12	22096.39	926143.05	2.30	1.04	6.81

与全国相比，河北省二氧化碳排放总量以及其他碳排放指标的变动呈现以下趋势。

（1）二氧化碳排放总量持续上涨，与经济增长趋势大致协同。观察图2－3和图2－4可知：1980～2013年间，河北省一次能源消费总量和二氧化碳排放总量一直在持续增长，并且其增长趋势与河北省地区经济增长步调协同。以2013年为例，能源消费总量由1980年的3120.50万吨标准煤上升至31170.36万吨标准煤，上涨了9.99倍；能源消耗的二氧化碳排放量由1980年的7873.66万吨二氧化碳上升至2013年的84258.06万吨二氧化碳，上涨了10.7倍。

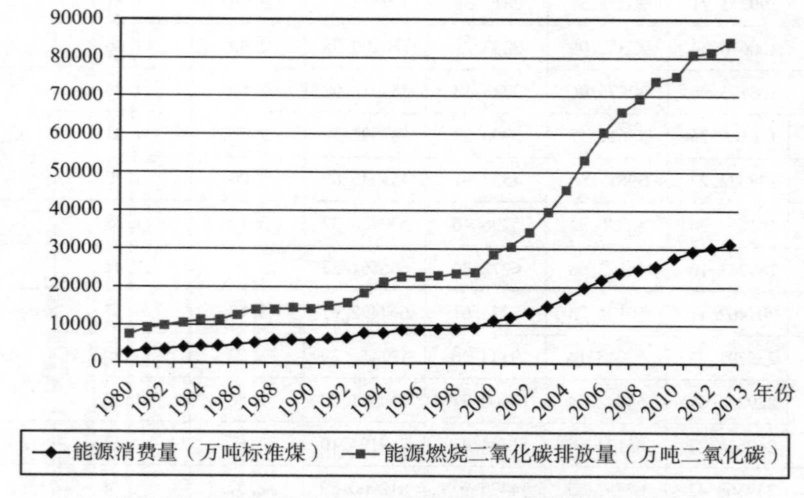

图2－3　1980～2013年河北省的能源消费与二氧化碳排放

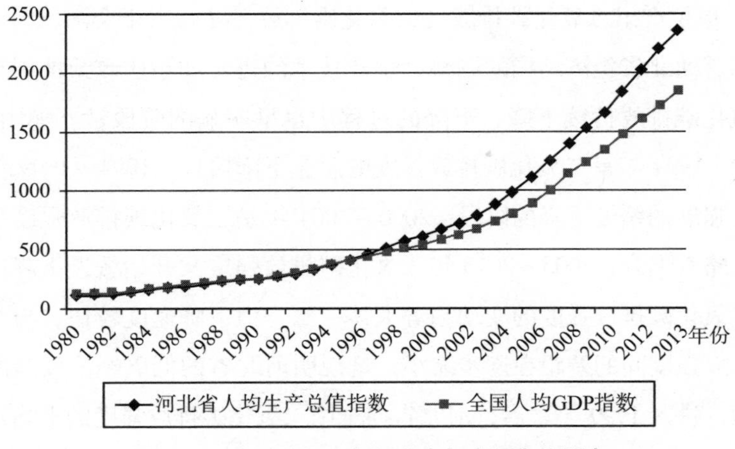

图 2-4　1980～2013 年河北省与全国人均国内生产总值指数（1978 年 =100）的对照

如果从图 2-5 中河北省地区生产总值、能源消耗总量、二氧化碳排放总量的增长率来观察，能源消耗总量与二氧化碳排放总量的变动趋势自然是趋同的，总产出扩张的过程中，经济增长的低谷大多对应着能源消耗量增长的低点。

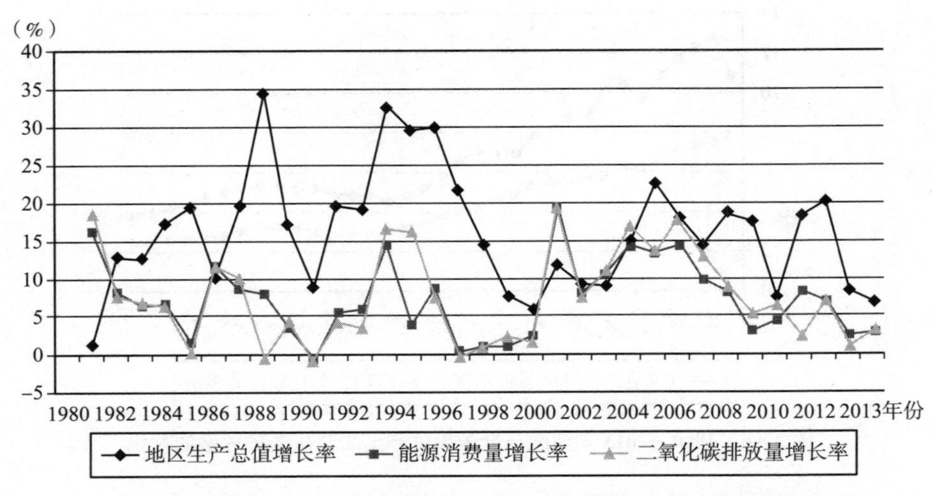

图 2-5　1980～2013 年河北省总产出、总能耗、总排放增长率的变动

（2）单位产出二氧化碳排放（二氧化碳排放强度）大于全国，但差距不断缩小。随着河北省经济结构的调整、生产技术的进步和相应政策的引导，单位产出二氧化碳排放持续下降，下降的过程中也呈明显的阶段性。如图2－6所示，1980～1994年是二氧化碳排放强度的急速下降阶段；1994～1999年是二氧化碳排放强度的缓慢下降的阶段，2000～2004年是二氧化碳排放强度平稳静止阶段，或略有上升；2005～2013年二氧化碳排放强度又开始缓慢下降。河北省与全国二氧化碳排放强度的变动趋势大体一致，但下降速度较快，与全国的二氧化碳排放强度间的差距在逐步缩小，这说明河北省的低碳经济发展的成效显著。然而，进入1999年之后，河北省与全国二氧化碳排放强度的平均水平间的差距弥合难度加大。在2005年这个基点上，河北省的碳排放强度为5.33吨二氧化碳/万元，全国碳排放强度为3.26吨二氧化碳/万元，河北省碳排放强度高出全国平均水平84.12%；2013年，河北省的碳排放强度虽然降至3.67吨二氧化碳/万元，但依然高出同期全国平均水平60%，这在一定程度上意味着河北省节能减排的效率较低，未来一段时期内节能减排的压力加大。

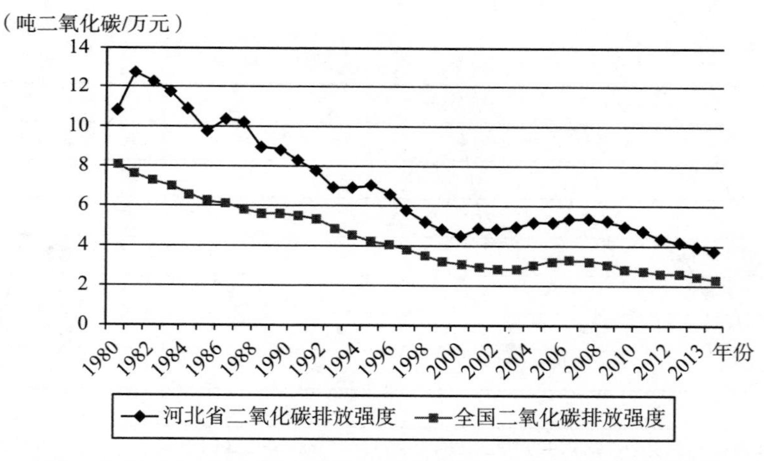

图2－6　1980～2013年河北与全国单位产出二氧化碳排放量的对比

（3）人均二氧化碳排放量高于全国，且差距呈扩大趋势。从人均二氧化碳排放的变动来看，如图 2 -7 所示，河北省人均二氧化碳排放持续走高，与河北省二氧化碳排放总量的变动趋势一致，呈现明显的阶段性。同时，与全国平均水平相比，河北省人均二氧化碳排放高于全国平均水平，且差距持续显著扩大。2005 年这个基点上，河北省人均二氧化碳的排放量为 7.79 吨，高出全国平均水平 78.9%；2013 年，河北省人均二氧化碳排放量为 11.49 吨，高出全国平均水平 86%。这一变动趋势，一方面，说明了随着人均收入水平的提高，人均能源消耗不断增加；另一方面，说明了“十一五”期间河北省经济增速高于全国平均水平致使能源消费快速扩张，进而碳排放集聚增长。此外，河北省能源消费结构优质化程度低于全国平均水平，且能源消费结构呈负向演进也是人均能耗与全国平均水平的差距扩大的重要原因之一。

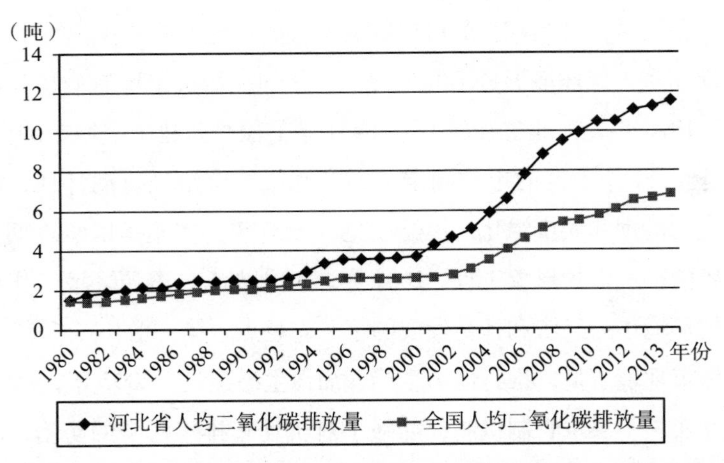

图 2 -7　1980 ~2013 年河北省与中国人均能源消费二氧化碳排放量

（4）二氧化碳排放总量呈现阶段性波动的特征。在研究的时序内，河北省二氧化碳排放总量持续增长的过程中呈现明显的阶段性。1980 ~1995 年是二氧化碳排放量的迅速增长阶段；1996 ~1999 年是二氧化碳排放的平稳阶段，2000 ~2006 年是二氧化碳排放的急速增长阶段；2006 ~2010 年二氧化碳排放增长相对放缓，相对此阶段的其他年份来讲，2009 年和 2010 年二氧化碳排放增长有所加快，这基本与经济发展的周期性波动相吻合。

另外，与全国相比，河北省无论是从能源消耗总量、人均能耗量、人均二氧化碳排放的上升趋势看，还是从单位产出二氧化碳排放的下降趋势来看，其波动幅度都大于全国的平均水平。这在一定程度上说明了河北省经济发展起伏较大，也反映了河北省在经济快速增长过程中过多地依赖于高投入和高能耗。

综上分析，改革开放以来，河北省的二氧化碳排放总量和人均排放量呈不断上升趋势；单位产出的二氧化碳排放虽呈不断下降趋势，但仍高于全国的平均水平；人均二氧化碳排放高于全国平均水平，且呈不断上升趋势，与全国的差距也呈扩大趋势。这充分说明河北省目前经济发展表现为“高排放—低效率”的特征。而且，伴随着未来经济的快速发展、工业化和城市化进程的提速，对能源的消耗还将持续增加，二氧化碳排放需求还将扩大，节能减排压力将继续加大，区域经济和社会的可持续发展将面临更大的考验。

虽然河北省大气环境形势不容乐观，但是却在积极采取有效措施促进大气环境改善，1998 年，河北省开展了“18431”工程并新建 7 个城市烟尘控制区。1999 年，全省 11 个设区的市均制定了空气污染综合治理行动计划，加强了对机动车尾气的治理和城市绿化、道路硬化。2000 年，实施了以解决烟囱冒黑烟为主要内容的环境保护形象工程。2001 年，河北省人口资源环境工作会议上提出要切实把环境作为经济和社会发展的第一立足点、第一增长点、第一竞争点，切实改善城市环境质量，推行清洁生产，加强生态建设。2002 年，11 个省辖城市普遍建立实施了煤炭管制机制；加强了对机动车排气污染的防治，严加控制施工扬尘，加大了秸秆禁烧工作力度，不断调整产业结构，综合治理烟尘排放。2003 年，实施《“两控区”污染防治规划》，加强城市环境综合整治。2004 年，谋划起草了《全省城市环境空气质量状况分析报告》，河北省政府办公厅印发了《关于加快城市大气污染综合治理工作的通知》，2005 年，河北省全面落实了《关于加快城市大气污染综合治理工作的通知》的要求，采取大量积极措施进行降硫、控尘。2006 年，河北省不断加强对污染物的总量管理工作，并对大气污染进行了综合治理，组织制定实施了《河北省火电行业建设项目二氧化硫总量指标核定书》，并制定了《河北省电厂脱硫重点项目竣工环境保护验收书》。2007 年河北省全省组织开展了烟气排放设施综合治理攻坚行动，河北省政府印发了《河北省烟气排放设施综合治理攻坚行动方案》，并加强了机动车尾气污染的防治。2008 年河北省全省深入开展了工业污染源、建筑扬尘和机动车尾气污染治理，是大气环境得到进一步改善。2009 年，河北省加快市区内重污染企业搬迁步伐，推动城市能源清洁化，开展烟气排放设施综合治理工作，优化能源结构，严格煤炭管制，推广使用清洁能源，推行了机动车环保标准分标管理。2010 年，河北省采取大气污染联防联控行动，积极推进城市规划、产业结构、能源结构、生态功能调整，下力量治理燃煤烟尘、工业粉尘、施工扬尘、机动车尾气、餐饮业油烟污染，在全省组织开展“拔除烟囱、净化蓝天”活动。通过深化城市大气污染防治，有力地促进了全省城市大气环境质量的改善。2011 年，进一步强化“四调五治”，编制了《重点区域大气污染规划》，重点研究制定规划目标和工程项目，深入开展环保模范城创建工作。从上述一系列措施中可见其中相当一部分措施重在对烟尘排放的治理，结合河北省烟尘排放情况可以发现，这些措施取得了良好的治理效果。2016 年《河北省大气污染防治条例》于 2016 年 1 月 13 日由河北省第十二届人民代表大会通过，自 2016 年 3 月 1 日起施行。条例强化了政府责任，将大气污染防治责任细化分解到环保、公安、城管等多个政府部门，确保责任落实。

第3章　生态文明建设与转型升级的理论基础与方法基础

3.1 系统动力学

系统动力学（System Dynamics，SD）建模方法，始于20世纪50年代，其创始人，是MIT斯隆管理学院的Jay W. Forrester教授，原称“工业动力学”。初创时期，其主要原理和方法，大多用于经济系统和生产领域，研究库存、生产、劳动力雇佣和销售过程中发生的不稳定问题。1961年，Jay W. Forrester教授出版了《工业动力学》(*Industrial Dynamics*)，书中系统总结了工业动力学的研究成果，奠定了系统动力学的理论基础。本书出版之后，工业动力学这一新学科逐渐被人们所认识，并被广泛地应用于工业、能源、城市规划、国民经济计划、人口、生态环境、自然资源的开发和利用等多个领域，并取得了显著的成果。20世纪70年代初，他的学生Dennis L. Meadows在Jay W. Forrester建立的“世界模型Ⅱ”的基础上，利用系统动力学方法，建立了“世界模型Ⅲ”，并向罗马俱乐部提交了题为《增长的极限》（*The Limits to Growth*）的研究报告，引发了学术界的强烈讨论和思考。

3.1.1 系统动力学的基本原理

在系统动力学理论中，反馈回路是系统的基本单位，构建起了系统的整体框架；其耦合了系统的信息、速率和状态。通过整理和综合，系统的结构可以被抽象化为“回路”“积累”“信息”“延迟”和“决策”，而这些因素之间的活动规律，就像流体在回路中流动时所呈现出来的那样。流体在“回路”中的流动必定会产生出“积累”现象，积累下来的物质就会产生压力，这种压力通过“信息”的传递影响决策者，促使决策者利用所得到的信息，做出相应决策，进而调整流速大小和物质的积累量。但是，由于物质和信息的传递过程需要一定的时间，从而产生了“延迟”的问题。“延迟”这一现象的存在使得系统的状态产生了波动，增加了对系统进行控制的准确性和难度的要求。

系统动力学建立模型时，以微观结构为切入点，用回路构成系统框架，用因果关系图和流图来描述要素间逻辑关系，用方程描述数量关系；最后，用专门的仿真软件，对系统进行模拟分析。整个过程，先定性，再进行半定量和定量，然后转换数学模型，成为更为简洁的计算机程序，最终利用计算机进行模拟仿真。系统动力学方法，将社会系统进行抽象化，较好地融合了系统状况和决策目的。

3.1.2 系统动力学的特点

系统动力学是为了适应当代社会经济系统的管理和控制的需求发展起来的，它以现实存在的世界为前提基础，不刻意追求“最优解”，而是从有效途径优化系统。这种方法，主要通过实际观测系统，取得相关信息，并据此有针对性地建立模型，之后通过计算机实验来获取对于系统的未来行为规律的认识，而并不仅仅是靠机械的计算获取结论。一般来说，系统动力学具有以下特点：

（1）控制论，是系统动力学的重要理论基础，而反馈，则是控制论的重要观点。系统动力学认为，凡是系统，都存在信息的反馈机制；无论系统内是否有生命，都作为信息反馈系统研究。

（2）系统动力学的研究过程符合传统的思维习惯，研究方法简单且实用，有规范标准的建模方法，能够通过清晰的交流，剔除人类的主观差错。系统动力学能够逐步深入地探索问题，客观地反映问题实质，使得复杂的问题简单化和规律化。

（3）更好地处理延迟现象，使模型能更有效地体现系统的真实情况。系统中的延迟被分为物质和信息延迟两类。由于具体的延迟不易描述，对于结果的影响也不显著，因此在静态研究中，延迟经常被忽略。与静态研究不同，动态研究中的延迟往往是导致整个系统复杂性的关键因素，使系统产生了惯性和反直观性。因此，动态系统的研究必须对于延迟现象予以足够的重视。

（4）对于解决政策问题和战略决策更加有效。系统动力学通过实验，分析社会问题，被誉为“策略与战略实验室”；将社会系统，转变为抽象的模型，然后运用计算机技术完成模拟。在实验的过程中，可以随时对于政策方案进行修改，最终实现各种战略构思和策略的仿真。

3.1.3 系统动力学的建模方法

系统动力学的建模具体过程如图 3 – 1 所示。

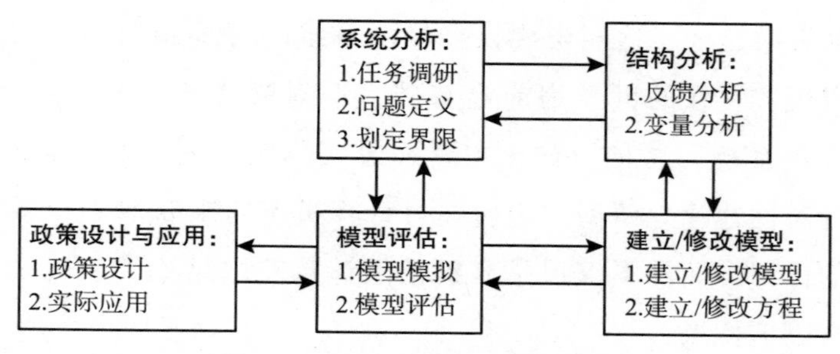

图 3 – 1　系统动力学的建模过程

3.1.3.1 因果关系图

因果关系图（causal relationship diagram），是一种图示模型，主要用于描述变量间的作用关系。在绘制流图和建立系统数学仿真模型之前，应当就系统中所有变量的因果关系建立因果关系图。因果关系图在系统动力学中主要用于认识问题的初始阶段，在此基础上，还要进一步利用流图来描述系统，进而形成定量分析和系统仿真的基础。

3.1.3.2 系统流图

流图，是一种图形表示法，主要区分变量性质，用更为明了的符号，是在因果关系图的基础上进一步对变量的性质进行区分，用更加直观的符号刻画要素之间的逻辑关系，描述系统的控制规律和反馈形式。建立流图，首先要定义系统边界，再确定系统内部的一个或者多个反馈环，从变量性质、量纲等方面正确地区分存量和流量，最后，每个用流图的符号表示出的变量，构成了整个系统。

（1）存量，又称为状态变量（level variable），用于描述系统的积累效应。其取值是系统的积累结果，积累时间从系统的初始时刻，到之后的某一特定时刻。存量值在任何时刻都能够观测到，具有数量的量纲，属于时点数。存量在流图中的符号如图 3 - 2 所示的“L”，是一个矩形。

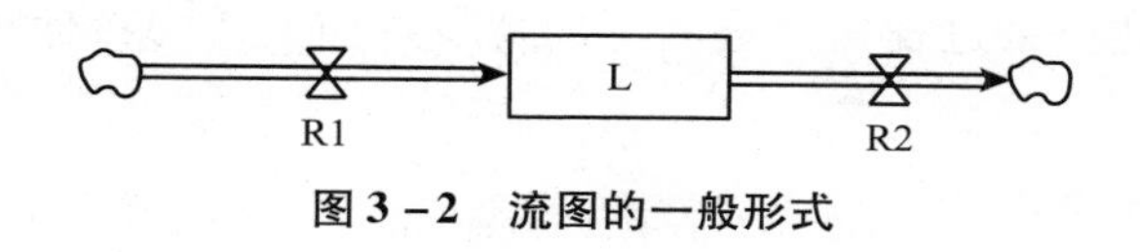

图 3 - 2　流图的一般形式

（2）流量，又称为速率变量（rate variable），用于描述系统中，积累效应变化快慢。其实质上是数学意义上的导数，描述了存量的时间变化和系统的转化速度。流量值需要在一段时间内观测，具有速度的量纲，属于区间数。流量在流图中的符号是“⧖”，如图 3 - 2 所示的“R1”“R2”。

（3）辅助变量，又称为转换器（auxiliary variable），是系统的中间变量，主要起到信息传递的作用。辅助变量在流图中的符号是“○”，其名称和意义可以注明在圆圈当中。

（4）常量，又称为外生变量（constant）；常量值的变化通常较小，或在研究期间保持不变。常量的描述符号为“⊖”。常量，可以通过辅助变量输入给流量，也可以直接输入给流量。

3.1.3.3　系统动力学方程

系统动力学方程，是指在流图的基础上，利用数学关系式对于系统组成元素之间的关系进行定量描述，利用递推关系式，从初始状态推定下一个未知状态；通常，为了方便进行方程的递推计算，方程都设定一个时间上的间隔。系统动力学方程一共有五类，分别为水平方程（L）、速率方程（R）、辅助方程（A）、常量方程（C）和初值方程（N）。

（1）水平方程，描述了系统动力学模型中，存量（状态变量，LEVEL）的变化。作为流量变化对时间的积累，存量可以用积分公式来描述：

$$L(t) = L_0 + \int_0^t \left(\sum R_{in}(t) - \sum R_{out}(t) \right) dt \quad (3.1)$$

（2）速率方程，定义了单位时间间隔（DT）内的流量形成；其实质是为了描述人们调节存量的决策规则或者流量变化的自然规律。速率方程中通常包括为了描述决策过程而引进的辅助变量，加上作为目标和标准的常量，通常表示为：

$$R = f(L, \text{Constant}) \quad (3.2)$$

（3）辅助方程是速率方程的子方程，为了简化决策过程，可以引入辅助变量，将速率方程转化为几个比较简单的辅助方程来表示。

3.1.3.4 模拟分析

模拟分析就是指模型的试运行和调整，对模型进行模拟并对于模拟结果进行政策分析。主要内容包括：

（1）检验模型中所用的假设，分析模型的运行结果，如果运行的结果与假设有所矛盾，则对于假设或者模型进行修正，直到结果与现实情况基本符合。

（2）运用系统模型进行政策分析，确定政策相关参数，模拟不同的政策组合方案，从而得到不同的政策方案的仿真结果，对于结果进行比较，最终得到一个较为可行的政策方案。

3.1.3.5 模型的检验与评估

一般来说，模型的测试，包括系统边界测试、模型结构及行为测试、参数估计测试和量纲一致性测试。

3.2 循环经济理论

循环经济（circular economy），是对于物质闭环流动型经济的简称。循环经济的概念最早出现在 20 世纪 60 年代，由美国经济学家 K. Bounding 提出。其目的，就是综合利用资源，实现绿色消费，生态工业和清洁生产。实际上，循环经济将生态规律用于指导经济运行，强调了经济与环境的协调共处。循环经济符合可持续增长的发展方式，高效率地利用了资源，实现了能源的再利用和再循环，争取以最低的投入和消耗来获取更高的效益，并且带来较低的污染排放。

3.2.1 基本原则

发展循环经济，就是要更加高效和充分地对各种资源进行利用，其基本原则是“3R”，即 reduce（减量化）、reuse（再利用）和 recycle（再循环）；这是该理论的核心内容，构成了经济发展的基本思路。这三个原则的次序是：先减量化，之后再利用，最终实现再循环，其重要性并不是并列均等的。循环经济，指导了人类社会的经济发展形式，为了最终实现生态和谐和资源有效利用的目标。按照社会生产活动层序，我们可以将循环经济，分为三个相互联系的层面：

（1）企业层面。为了降低单位产品能耗和排污量，企业制定清洁生产标准，开发新方法，建立新的生产工艺。

（2）产业层面。为了减少资源消费，以及废弃物排放，整合关联产业，形成生态组合，将企业间的排污量、能量互换和使用循环合为一体，最终形成一条完整的产业链条。

（3）社会层面。为了实现生产和消费全过程的物质循环和能量守恒，国家制定完备的产业政策体系，全社会对废弃物实施再生产和再利用。

3.2.2 运行模式

按照经济活动的范围和规模大小，循环经济的运行可以分为三种模式。

（1）小循环（企业内循环）。小循环，即企业内循环，是要建立循环型企业；根据生态效率的理念，提高循环利用的效率，减少有毒物质的使用，强化产品的耐用程度，降低废弃物的毒性和数量，最大程度上实现原材料和能源的节约。

（2）中循环（企业间循环）。中循环，即建立生态产业园区，联结相关的企业或部门，形成共同的生产过程。实现不同企业之间的物质、信息和能量的集中。在本章第3.3节中，详细阐述了工业生态学理论，也就是循环经济的中观基础。企业间循环的关键点是要实现“再循环”的目标，能够使某一企业或部门的废弃物成为另一企业或部门的生产原料和能量来源。

（3）大循环（全社会物质循环）。大循环是要建立全社会范围内的循环型经济系统。对于各个产业、各个领域的资源和废弃物进行循环利用和节能减排，实现社会系统的整体性循环。其关键点是要发展静脉产业，建立废弃物回收、分类和再加工、再利用的产业体系。

在实际发展的进程中，对于大、中、小三种运行模式，应当给予同等的重视。循环经济的实现，首先通过立法和宏观调控，提供制度保障；同时促进教育和文化建设，保证其发展的人力资源支持。其发展，就是要着眼于企业内部、企业之间和社会系统的循环发展，建设循环型企业、先进的生态工业园和实现整体循环的绿色城市。

3.3 工业生态学理论

根据国际电气和电子工程师协会（IEEE）的定义，工业生态学（Industrial Ecology）的目的是研究工业与生态体系之间，以及二者与自然生态体系间的联系，是关乎“可持续发展”的科学；其发展，为当今世界提倡的可持续发展提供了强有力的理论依据。“工业生态学”这一概念起源于1970年，是为了反映当时的工业过程对于自然环境有一定影响的事实。1989年，来自通用汽车研究实验室的 Frosch 和 N. E. Gallopoulous 发表于《科学美国人》（*Scientific American*）杂志上一篇文章正式将这一概念唤醒。他们认为，如果可以重新规划人为的物质流，那么将会出现更加有工作效率的工业系统。

工业生态学的研究目的，是为了解决人类的长期的生存问题，而并非短期或者特定的环境措施，重点关注在某一地区和全球范围内难以解决的持续性问题以及使自然生态系统遭受破坏的大规模人类活动。其最终目标是建立一个完全自循环的全球经济系统，如图3－3所示。

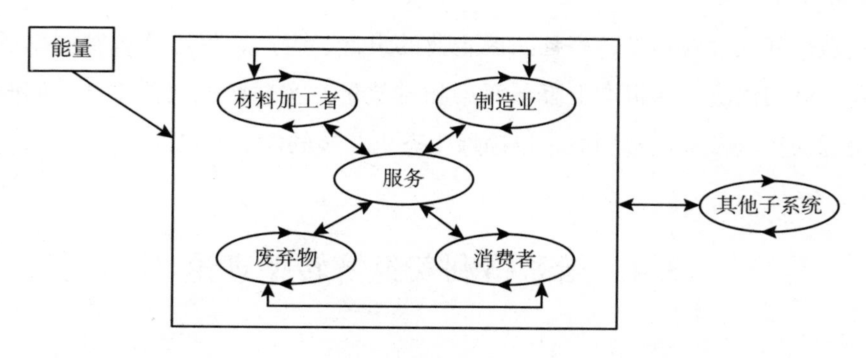

图3－3 工业生态系统

生态化的工业过程，使得人类可以有目的地、理性地合理安排能满足人类需要的环境承载能力，其前提是具备相应的可持续技术、经济和文化。这就要求我们不能将工业系统看作是与周围的系统相孤立的个体，而是要将工业系统与整个社会系统密切联系起来。从循环经济的观点来看，工业生态化是一个从原料到原件、产品、组合产品，其中涵盖了需要进行优化的资本、能源和资源，最后实现生产全过程的循环发展。

生态工业园（eco-industrial park，EIP）这一概念，最早在1992年，由美国Indigo发展研究所提出。在这之后，生态工业园开始在世界范围内迅速发展，并成为经济和环境协调发展的关键途径。Ernest A. Lowe等对其进行了定义，即生态工业园是类似于生物群落的企业集群，主要由服务企业和制造企业组成。在该集群内，各个组成单位为了实现环境与经济的协调发展，共同处理相关事宜。这样一来，相比单个的企业的效益之和，整个企业集群就能够获得更加巨大的效益。生态工业园中，比较典型的成功范例，是丹麦的卡伦堡（Kalunborg）共生体系。

生态工业园，为了形成不同企业之间的共生集合，便于资源共享和产品交换，参考了自然生态系统的循环模式，以工业生态理论为指导，重点建设生态链和生态网。通过废弃物的有效循环利用，可以达到不同企业之间资源的最优配置。其发展模式遵循了“回收—再利用—设计—生产”的循环方式，强化基础设施建设，完善园区企业的设计、生产，促进能源利用率的提高和污染的预防，从根本上降低污染物排放量，实现区域清洁生产；同时要为附近的社区带来社会利益，以确保生态工业园的发展成果。

3.4 斯蒂格利茨经济转型理论

1995年前经济转型理论主要集中在计划经济向市场经济转型的研究，当时西方主流经济转型理论主要分为两种，一种是“休克疗法”即激进的经济转型理论，另一种是渐进的经济转型理论。1995年后经济转型理论注重经济增长的质量，其中最具代表性的是斯蒂格利茨的经济转型理论。

斯蒂格利茨认为传统经济市场模式不能作为转型目标；明晰产权、优化信息不对称不完备的现象是社会主义经济转型需要解决的问题；用新的信息经济学范式理解经济运行问题；提出把体制转型同经济持续稳定健康发展相结合。

斯蒂格利茨在给出其对于转型国家的经济转型的建议时，特别强调：把经济转型同寻求稳定而持续的经济增长相结合，因此他主张实行鼓励知识经济的公共政策，从而达成经济体制转型同经济增长方式转型的统一；他还建议转型国家把金融安全和金融系统的建设作为转型过程中必须要解决的重点问题；对于中国的转型，他特别突出强调："设计适当的社会保障体系对中国继续取得成功至关重要。"

在新的形势下，经济转型不是仅仅涉及经济发展的方式，经济发展仅是经济转型升级系统中一个十分重要的动态组成部分，社会生活、资源环境、发展潜力都是转型升级的重要内容和衡量标准。

3.5 可持续发展理论

可持续发展是在不影响后代人利益的基础上追求经济增长、生活水平提高来满足当代人的需要。可持续发展最早源于莱切尔·卡逊发表的《寂静的春天》一书，书中叙述了杀虫剂对野生动物的危害，从而引起人们对科技及经济发展造成的环境问题的关注。《寂静的春天》出版后，生态和环境问题开始被人接受和重视，可持续发展思想在此之后逐渐形成。1978年，《我们的未来》明确了什么是可持续发展和可持续发展的模式。可持续发展作为一个复杂的综合性系统包含了多方面的内容，如今，可持续发展的理念由生态学不断向经济学、社会学等领域开始渗透，自然、社会、经济、科技的发展都或多或少的可持续发展的影响，其内涵不断得到延伸。

经济学的可持续发展更多强调经济发展方式的合理性和长久性，在保护资源环境的基础上，通过制度变革、文化传播、人类主观能动性的发挥，追求经济的绿色发展和生活质量的稳步提高。在《经济、自然资源、不足和发展》一书中，作者Edward B. Barbier把可持续发展定义为"在保持自然资源的质量和其所提供服务的前提下，使经济发展的净利益增加到最大限度"。

经济转型升级的一个重要步骤就是在合理利用资源、保护环境的前提下保障经济发展的可持续性，追求绿色 GDP 的增长。

继工业化和信息化的浪潮之后，经济、社会得到了前所未有的发展和进步，同时资源环境的压力也日益凸显，经济增长逐步陷入困境，人们关注的焦点逐渐从发展速度向发展方式转移，在水资源短缺和环境污染严重的问题之后，低碳化开始走进人们的视野并逐渐得到重视，成为当今可持续发展关注的重点。低碳发展不仅是经济转型的重要目标也是可持续发展的要求。低碳化强调生产方式和消费方式的低碳化，通过生产要素的合理配置和消费结构的正确引导实现经济的低碳发展和可持续发展。

3.6 物质平衡理论

物质平衡理论对经济转型升级过程中资源在整个国民经济系统中的作用进行了解释，并提出造成资源环境恶化的原因，根据物质平衡理论，在经济转型升级过程中最重要的是资源利用效率和污染治理技术的提高。

传统的经济系统模型中只包括生产部门和销售部门（见图 3－4），并未考虑到环境的影响，产品从生产到消费均为一线式完成，整个过程中仅考虑了

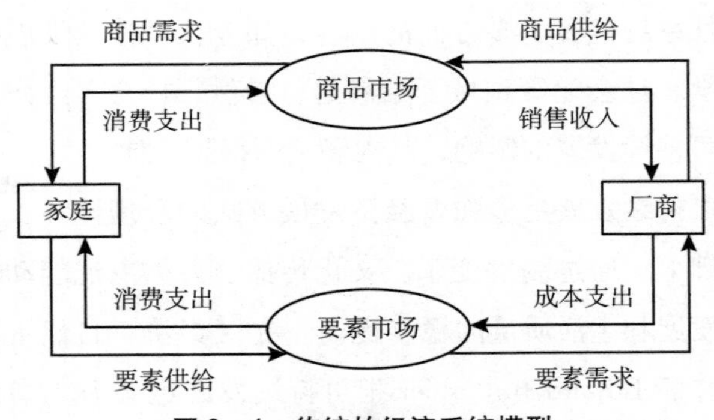

图 3－4　传统的经济系统模型

生产者的利润和消费者的需求，是经济系统内部的运行，并未考虑到生产消费过程中是否存在积累及这些积累的处理方式。传统的经济模型这种将环境视为一种无价值的公共物品的假定造成了经济活动的“外部性”和“使用者费用”的无效率，造成“帕累托最优”变为“次优”。

物质平衡理论从质量守恒定律的视角对生产和消费做出了新的解释，考察环境和经济系统中物质流动的关系（见图3－5）。它将自然环境引入系统中形成更大的循环流更多的系统，自然界为生产生活提供资源并获得生产和消费过程中无法再利用的废弃物，要素市场通过家庭和再回收的资源为厂商提供供给，厂商的产品和服务在通过产品市场流向家庭，并将无法再利用的废弃物排向自然，家庭和厂商在消费和生产过程中的残留物经过处理重新投入要素市场用于生产。在自然资源循环利用的过程中有效地降低了对资源的开采，提高利用效率。物质平衡理论将生产消费过程中存在的积累部分进行循环利用，最终回到环境的部分是不能再进行资本积累的部分，因此，如果在资本积累给定的条件下，资源利用效率和污染物治理技术得不到提升，为了维持稳定的产品供给，自然资源的开发力度就会加大导致环境恶化。

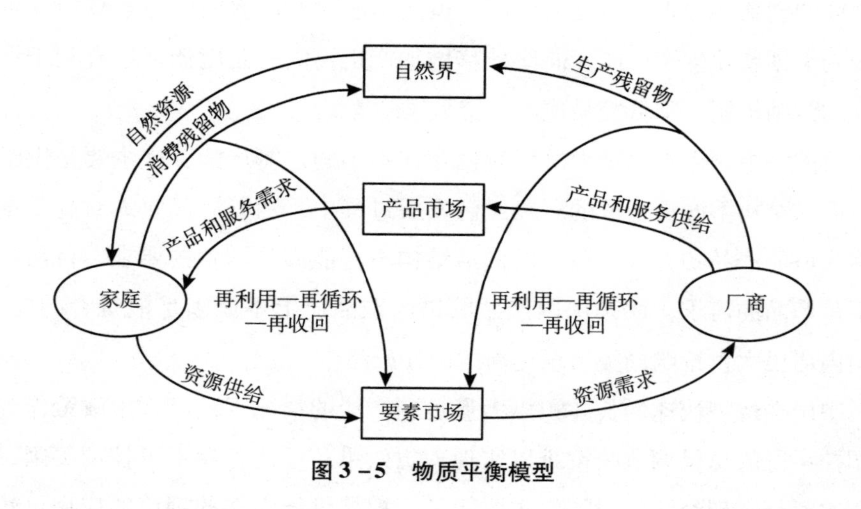

图3－5 物质平衡模型

3.7 供给管理理论

需求与供给是相互作用、共同促进经济增长的两个方面，二者在总量和结构上的平衡是实现经济健康可持续发展的前提。供给既包括生产要素的供给也包括结构优化和制度创新。生产要素方面主要通过劳动、资本、自然资源和技术进步推动经济增长。劳动力供给的增加促使劳动力向生产效率高的部门转移，从而实现资源优化配置，促进技术进步、劳动者素质提高，通过影响收入分配影响消费倾向和需求结构；资本积累同样会起到改善资源配置、促进技术进步的作用，知识作为一种资本以非物化技术的形式作用于生产；自然资源则通过不同地区不同禀赋影响劳动力流动和产业布局进而影响经济；技术进步主要通过提高劳动效率、优化产业结构、转变经济增长方式和创造新产品、新需求来推动经济进步。结构优化方面主要通过产业结构和地区结构作用于经济增长。通过产业结构优化实现现有产业的改革和新产业的发展，并加速主导产业更替不断形成新的经济驱动力。制度创新方面主要体现在正式制度的创新和非正式制度的创新，虽然不能改变原有的资源禀赋但却可以通过制度创新使生产可能性曲线外移增加产出，同时制度创新还有利于形成良好的激励机制，降低交易成本和交易风险等。

目前，中国需求总量大的同时也存在不小的过剩产能，这主要是供给结构与需求结构不匹配造成的。在经济发展过程中，随着居民收入对高质量和高附加值的产品的需求，原有的供给结构不再能满足消费的要求，目前缺少的不是产品的需求，而是国内产品的供给在品质上不能满足消费者的要求，使国内居民大量抢购同类质量更高的国外产品。

中国在经济快速增长并积累大量过剩产能的情况下，以货币政策作为主要调控手段的总量调节政策难以实现理想效果，经济存在不可控的萎靡，供给侧改革是实现经济软着陆的主要途径。根据供给学派的理论的应用，较为成功的实践是里根经济学和撒切尔主义，二者的共同点是在经济滞胀的过程中均采取紧缩货币的政策，不同的是前者以减税作为主要措施，后者以国有企业改革作为主要手段。由于具体国情的不同，中国的供给改革不能照搬原有的理论及经验，需要根据自身的情况进行合理调整。对于如何有效落实供给侧改革，习主席在中央财经领导小组会议中明确指出，要促进过剩产能有效化解，促进产业优化重组；要降低成本，帮助企业保持竞争优势；要化解房地产库存，促进房地产业持续发展；要防范化解金融风险，加快形成功能健全的股票市场。中央财经领导小组办公室副主任杨伟民称之为推动经济结构改革的四个“歼灭战”。供给侧改革的重点是要在适度扩大总需求的同时，去产能、去库存、去杠杆、降成本、补短板，从生产领域加强优质供给，减少无效供给，扩大有效供给，提高供给结构适应性和灵活性，提高全要素生产率，使供给体系更好适应需求结构变化。虽然供给侧改革是针对中国现阶段经济问题提出的，但这些问题同样是河北省所面临的问题。

河北省生态文明建设与经济转型升级研究

Chapter 4

第4章　河北省生态文明建设评价

党的十八大报告创造性提出了“五位一体”战略布局，在“五位一体”总体布局中，经济建设是根本，政治建设是保障，文化建设是灵魂，社会建设是条件，生态文明建设是基础，“建设生态文明，是关系人民福祉、关乎民族未来的长远大计”。河北省委、省政府把生态文明建设放在突出的战略地位，“奋力建设经济强省，美丽河北”。河北省生态文明建设评价对了解河北省生态建设水平、存在的问题及努力方向具有重要的意义。

4.1 生态文明建设监测指标体系的构建

4.1.1 指标体系的构建原则

在构建河北省生态文明建设监测指标体系的过程中，本书遵循以下原则：

（1）科学性原则。指标体系要能反映生态文明建设的内涵，中共十八届三中全会明确指出，要“紧紧围绕建设美丽中国深化生态文明体制改革，加快建立生态文明制度，健全国土空间开发、资源节约利用、生态环境保护的体制机制，推动形成人与自然和谐发展现代化建设新格局”。这句话指明了生态文明建设的内涵，也确定了生态文明建设的目的及途径，为生态文明评价指标体系奠定了基础。

（2）全面性与简明性相结合的原则。指标体系应全面地涵盖生态文明建设的各个层面，并根据层次关系，进行层次分明的分解。由于指标之间具有一定的相关性，要选取最具代表性的评价指标，舍弃次要指标或辅助指标。指标体系既要能反映生态文明建设的全貌，又要使用尽可能少的指标反映地区差异。

（3）客观性与可行性相结合的原则。为保证评价结果的客观性，尽量选择定量指标，少选用或不选用定性指标。定量指标尽量来源于统计部门公布的统计公报、统计年鉴，以及其他政府部门公布的数据。

（4）导向性原则。要能从指标体系反映出职责部门，从而在提出对策建议时更具有针对性、导向性。

4.1.2 指标体系的结构框架

生态文明是中国共产党创造性提出的，在国外基本没有相应的研究文献，国内学者近几年才开始生态文明指标体系的研究，尚未形成统一的指标体系。

张欢等（2015）建立了包括有生态环境健康度、资源环境消耗强度、面源污染治理效率和居民生活宜居度等 4 个方面，共 20 个指标的特大型城市生态文明评价指标体系；胡晓英（2014）的生态文明城市指标体系包括生态经济、生态保障、生态承载力、生态环境和生态发展 5 个层面；高媛（2015）、汪秀琼（2015）的指标体系均包括生态经济文明、生态社会文明、生态环境文明、生态文化文明和生态制度文明 5 个层面；田智宇（2013）提出从经济发展、资源利用、生态环境、社会进步及制度建设 5 个方面构建生态文明评价指标体系；成金华（2013）构建的生态文明评价指标体系包含资源能源节约利用、生态环境保护、经济社会协调发展和绿色制度实施 4 个维度。在实践层面，环保部发布的国家生态文明示范县建设指标包括生态经济、生态环境、生态人居、生态制度、生态文化 5 个系统共 28 个指标。

由以上研究可以看出，生态文明建设指标体系是一个复杂的系统，包含若干个层面。但各研究对所包含层面的认识并不相同，究其原因，主要是各研究人员对生态文明建设内涵的不同理解造成的。国家生态文明示范县建设指标虽然全面，但主要用于评价是否达到示范县标准，用于一次性评价较为合适，不适合经常性持续性评价。

根据指标体系构建原则以及研究方面，本书从 5 个方面构建了河北省生态文明建设监测指标体系。这 5 个层面基本涵盖了中共十八届三中全会对生态文明内涵的界定。

（1）国土空间开发。包括万人公共汽车拥有量、人均耕地面积、单位土地产值、单位面积投资强度4个指标。

（2）资源节约利用。包括单位GDP能耗、单位GDP电耗、单位GDP用水量3个指标。

（3）生态环境保护。生态环境保护包括污染强度与治理效率，根据现有统计年鉴所能提供的数据，污染强度包括单位GDP废水排放量、单位GDP固体废物产生量两个指标；治理效率包括工业固体废物综合利用率、城市污水集中处理率、城市生活垃圾无害化处理率3个指标。

（4）生态协调。包括人均绿地面积、森林覆盖率、城区绿化覆盖率、人均水资源4个指标。

（5）生态制度执行。本书用六个指标反映生态制度的执行情况，包括环境治理投资占GDP比重，财政支出中环保支出比重林业投资中环保部分所占比重，高新技术投资比重（占总投资），R&D投资占GDP比重，第三产业比重。

4.2 河北省生态文明建设综合评价

4.2.1 评价方法

综合评价又叫多指标综合评价法，它是根据指标的重要性对指标进行赋权，然后计算综合分值并进行排序的一种评价方法。综合评价法有多种，常用的如层次分析法、因子分析法、熵值法等。层次分析法属主观赋权法，各指标权重受评价人的主观影响较大；而因子分析法受变量间相关性的影响，所得因子与各准则层不一定相互对应，从而只能对生态文明建设的总体情况进行评价，难以评价各个准则层的高低优劣。熵值法能克服层次分析法和因子分析法的缺点，因此本文采用熵值法进行评价。其主要步骤如下：

（1）将各指标进行标准化，计算公式为：$x'_{ij}=\frac{x_{ij}-\bar{x}_j}{s_j}$，式中，$\bar{x}_j$ 为第 j 项指标的均值，s_j 为第 j 项指标的标准差。

（2）为了消除负值，可将坐标系进行平移。指标值 x'_{ij} 经过指标平移后变为 x''_{ij}，其中 $x''_{ij}=x'_{ij}+K$，K 为坐标平移的幅度。

（3）指标比重的计算。计算第 j 个指标下第 i 个样本的比重，公式为 $R_{ij}=\frac{x''_{ij}}{\sum_{i=1}^{n}x''_{ij}}$。

（4）计算指标 j 的熵值。公式为 $e_j=-k\sum_{i=1}^{n}R_{ij}\ln R_{ij}$，其中 $k=\frac{1}{\ln n}$。

（5）计算第 j 个指标的差异性系数 g_j，计算公式为 $g_j=1-e_j$。g_j 越大，指标 j 在综合评价中的重要性就越强。

（6）计算第 j 个指标的权数 w_j，公式为 $w_j=\frac{g_j}{\sum_{j=1}^{m}g_j}=\frac{1-e_j}{\sum_{j=1}^{m}(1-e_j)}$。

（7）得出最终评价结果。

第 i 个样本的第 j 个指标的评价值为：$V_{ij}=w_jx''_{ij}$；第 i 个样本的总体评价值为：$V_i=\sum_{j=1}^{m}w_jx''_{ij}$。

4.2.2 评价结果

本章数据来源于《中国统计年鉴》《中国能源年鉴》《中国高技术产业统计年鉴》《中国农业年鉴》《中国环境年鉴》。由于西藏自治区个别变量数据缺失，所以在评价中只包括中国大陆的 30 个省（自治区、直辖市）。

单位 GDP 能耗、单位 GDP 电耗、单位 GDP 用水量、单位 GDP 废水排放量、单位 GDP 固体废物产生量 5 个指标为逆指标，在进行评价前均进行了正向化处理。

根据熵值法计算的各个指标与准则层的权重见表 4－1。根据权重与标准化后数据计算的各准则层得分与总指数见表 4－2。

表 4－1　　生态文明建设统计指标体系

目标层	准则层	指标层	权重
生态文明监测指标体系	国土空间开发（权重 0.1613）	万人公共汽车拥有量	0.0420
		人均耕地面积	0.0432
		单位土地产值	0.0366
		单位面积投资强度	0.0395
	资源节约利用（权重 0.1368）	单位 GDP 能耗	0.0396
		单位 GDP 电耗	0.0477
		单位 GDP 用水量	0.0495
	生态环境保护（权重 0.2509）	单位 GDP 废水排放量	0.0427
		单位 GDP 固体废物产生量	0.0387
		工业固体废物综合利用率	0.0481
		城市污水集中处理率	0.0557
		城市生活垃圾无害化处理率	0.0659
	生态协调（权重 0.1818）	人均绿地面积	0.0429
		森林覆盖率	0.0480
		城区绿化覆盖率	0.0498
		人均水资源	0.0412
	生态制度执行（权重 0.2692）	环境治理投资占 GDP 比重	0.0416
		财政支出中环保支出比重	0.0452
		林业投资中环保部分比重	0.0507
		高新技术投资比重	0.0459
		第三产业比重	0.0405
		R&D 投资占 GDP 比重	0.0452

表4－2　　　　生态文明综合评价值

地区	国土空间开发	资源节约利用	生态环境保护	生态协调	生态制度执行	生态文明总指数
北京	0.76	0.82	1.21	0.77	1.12	4.68
天津	0.78	0.74	1.19	0.48	1.08	4.26
河北	0.54	0.41	0.81	0.58	0.93	3.26
山西	0.51	0.37	0.84	0.55	1.07	3.33
内蒙古	0.58	0.37	0.96	0.61	0.97	3.49
辽宁	0.54	0.49	0.85	0.69	0.94	3.50
吉林	0.56	0.55	0.81	0.54	0.92	3.39
黑龙江	0.65	0.50	0.60	0.66	0.87	3.27
上海	0.81	0.55	1.01	0.67	1.12	4.16
江苏	0.61	0.52	0.96	0.66	1.17	3.93
浙江	0.56	0.53	1.02	0.74	0.96	3.81
安徽	0.53	0.47	0.95	0.60	1.00	3.54
福建	0.51	0.52	0.97	0.78	0.79	3.58
江西	0.47	0.51	0.80	0.78	0.88	3.44
山东	0.58	0.54	1.09	0.62	1.00	3.83
河南	0.50	0.47	0.90	0.52	0.89	3.28
湖北	0.52	0.50	0.89	0.60	0.92	3.43
湖南	0.49	0.52	0.86	0.62	0.88	3.37
广东	0.52	0.56	0.96	0.80	1.10	3.95
广西	0.48	0.45	0.71	0.71	0.68	3.02
海南	0.51	0.50	0.84	0.79	0.82	3.46
重庆	0.52	0.55	1.03	0.67	1.02	3.79
四川	0.54	0.46	0.77	0.62	0.80	3.20
贵州	0.51	0.35	0.84	0.56	0.93	3.19
云南	0.53	0.39	0.82	0.65	0.81	3.20
陕西	0.59	0.50	0.97	0.62	0.93	3.61
甘肃	0.54	0.34	0.52	0.43	0.88	2.71
青海	0.54	0.29	0.63	0.58	0.96	3.00
宁夏	0.58	0.28	0.81	0.60	1.04	3.30
新疆	0.59	0.30	0.75	0.59	0.80	3.03

由表4－2可以看出，生态文明建设排名前五位的分别为北京、天津、上海、广东、江苏，均为经济高度发达地区；排名后五位的分别为贵州、新疆、广西、青海、甘肃，均为经济较落后地区。生态文明建设总指数的平均得分为3.5，其中有12个省份的生态文明得分高于平均水平，18个省份低于平均水平。从国土空间开发层面看，平均得分为0.56，有12个省份高于全国平均水平；排在前五位的分别为上海、天津、北京、黑龙江、江苏，山西、福建、海南、贵州并列倒数第五位，其后分别为河南、湖南、广西、江西。从资源节约利用层面看，平均得分为0.48，有17个省份高于全国平均水平；排在前五位的分别为北京、天津、广东、上海、吉林，排在后五位的分别为贵州、甘肃、新疆、青海、宁夏。从生态环境保护层面看，平均得分为0.88，有14个省份高于全国平均水平；排在前五位的分别为北京、天津、山东、重庆、浙江，排在后五位的分别为新疆、广西、青海、黑龙江、甘肃。从生态协调层面看，平均得分为0.64，有13个省份高于全国平均水平；排在前五位的分别为广东、海南、福建、江西、北京，排在后五位的分别为山西、吉林、河南、天津、甘肃。从生态制度执行层面来看，平均得分为0.94，有14个省份高于全国平均水平；排在前五位的分别为江苏、北京、上海、广东、天津，排在后五位的分别为云南、四川、新疆、福建、广西。

根据各省三级指标具体数字，可以分析各省生态文明建设存在的问题，以找准今后的努力方向。以河北省为例，河北省在全国30个省份中排名第23位，处于下游水平，由此可见河北省生态文明建设水平不高，建设任务依然严峻。从二级指标看，造成河北省生态文明水平不高的主要原因是资源节约利用、生态环境保护和生态协调，而国土空间开发和生态制度执行稍好，在全国处于中游水平（见表4－3）。

可以结合三级指标说明河北省生态文明建设落后的具体原因（见表4－4）。从国土资源开发四个三级指标来看，其中全国排名相对稳定。从资源节约利用来看，河北省单位GDP电耗和单位GDP用水量较高，这是导致河北省在资源节约利用层面排名靠后的主要原因，这与河北省以钢铁为代表的重工业占较大比重有关。从生态环境保护来看，河北省城市污水集中处理率排名全国第二位，但单位GDP工业固体废物产生量很高，工业固体废物综合利用率和城市生活垃圾无害化处理率都很低。从生态协调看，河北省城区绿化覆盖率较好，排在全国第九位，但人均绿地面积、森林覆盖率、人均水资源都处于全国下游水平。从生态制度执行看，河北省财政支出中环保支出比重很高，排在全国第三位；环境治理投资占GDP比重占全国第十位，除第三产业比重较低外，其他三个指标均处于全国中游水平。

表4-3　河北省生态文明二级指标水平及排名

一级指标	二级指标	指标水平	排名	居全国水平
生态文明总指数	国土空间开发	0.54	15	中游
	资源节约利用	0.41	22	下游
	生态环境保护	0.81	22	下游
	生态协调	0.58	23.5	下游
	生态制度执行	0.93	16	中游

表4-4　河北省生态文明建设三级指标水平及在全国排名

目标层	准则层	指标层	评价水平	排名
生态文明监测指标体系	国土空间开发	万人公共汽车拥有量	0.1474	13.5
		人均耕地面积	0.1419	15
		单位土地产值	0.1189	12
		单位面积投资强度	0.1322	13
	资源节约利用	单位GDP能耗	0.1414	10
		单位GDP电耗	0.1311	23
		单位GDP用水量	0.1375	22

续表

目标层	准则层	指标层	评价水平	排名
生态文明监测指标体系	生态环境保护	单位 GDP 废水排放量	0. 1426	14
		单位 GDP 固体废物产生量	0. 1035	27
		工业固体废物综合利用率	0. 0936	29
		城市污水集中处理率	0. 2599	2
		城市生活垃圾无害化处理率	0. 2058	25
	生态协调	人均绿地面积	0. 1192	22
		森林覆盖率	0. 1422	19
		城区绿化覆盖率	0. 2062	9
		人均水资源	0. 1093	25
	生态制度执行	环境治理投资占 GDP 比重	0. 1483	10
		财政支出中环保支出比重	0. 2109	3
		林业投资中环保部分比重	0. 1677	18
		高新技术投资比重	0. 1456	18
		第三产业比重	0. 1143	23. 5
		R&D 投资占 GDP 比重	0. 1418	17

总之河北省生态文明建设水平较低的主要原因在于资源节约利用不高、环境污染严重，但河北省环保投资较高，伴随着压减过剩产业，河北省的生态文明建设水平会越来越好。

4. 3　提升生态文明建设水平的对策建议

4. 3. 1　将生态文明建设列入政绩考核

建立生态文明建设领导机制，实行生态文明建设一岗双责制，研究制定生态文明建设规划，完善生态文明建设统计监测和考核体系，建立核查公告制度，完善生态文明建设等方面的绩效评价和责任制。对生态文明建设较好的地区予以通报表扬，对生态文明建设排名靠后的地区进行督导并限期改正。

4.3.2 充分利用产能国际合作

基于“锦标赛竞争”机制，各级政府争相上一些资本密集型企业，尤其是高耗能企业，因为这些企业能带来更高的GDP，这是造成高能耗行业过剩的重要原因之一。但产能过剩在某种程度上也说明了中国在这些产业上积累了丰富的经验，达到了一定的技术水平。中国完全可以利用丰富的经验和先进的技术，利用“一带一路”的机遇，开展与亚欧国家的合作，就地取材开展高耗能行业的产能合作，实现互惠互利。

4.3.3 绿色金融助推节能减排

各金融机构要为高耗能行业绿色技术创新提供资金支持。对高耗能、高污染、产能过剩产业设立环境评判标准，达不到标准的“一票否决”；对达到标准的，金融机构应创新服务方式，通过变通抵押方式、提供金融租赁服务、推荐上市融资和再融资等提供融资倾斜；构建全国统一的碳金融交易体系，通过排放权减排额作为抵押进行融资；通过与国外银行签署中间信贷项目委托代理协议，重点扶持高耗能行业现有设备以节能为目的的改造与更新。严格高耗能行业的信息披露制度，对环境影响大的企业进行贷款额度限制，实施惩罚性高利率；将金融机构在环境保护方面的绩效纳入金融机构信用评级的考核因素之中。

4.3.4 完善自然资源资产价格与产权制度

严格遵守用地指标控制体系，加快城镇化进程，鼓励土地流转，完善宅基地管理与转让制度；严格执行用水超额累进加价、差别水价和阶梯水价制度；资源价格应包括资源的开发、环境影响（资源开发利用过程中对环境及其生态功能的损害）和反映资源稀缺性三个方面的成本。科学确定资源价格，从短期看将增加经济社会发展成本，但从长远看，这是增加可持续发展能力，为子孙后代留下发展空间的根本性措施，符合生态文明建设的基本原则。

4.3.5 提高全民的生态文明建设意识

国家、企业、居民是生态文明建设的三大主体，要提高居民的生态文明意识，需要深入开展生态文明教育工作、实行生态文明信息公开、建立公众参与机制与制度。

（1）在生态文明教育方面，一是将生态文明教育纳入基础教育课程内容，二是加强生态文明宣传工作。在生态文明信息公开方面，应从政府环境信息公开、企业环境信息公开两方面入手，完善公众环境知情权。

（2）在公众参与机制方面，一是建立生态文明公益诉讼制度，二是建立生态文明全过程参与机制，三是大力扶持生态文明非政府组织。

河北省生态文明建设与
经济转型升级研究

Chapter 5

第5章　河北省能源、环境与经济增长的脱钩关系

5.1　能源、环境与经济增长关系文献综述

关于经济增长和环境的关系，最流行的莫过于环境库兹涅茨曲线，它最早由美国经济学家 G. Grossman 和 A. Kureger（1991）提出，该假说试图说明如果没有一定的环境政策干预，一个国家的整体环境质量或污染水平是随着经济增长和经济实力的积累呈先恶化后改善的趋势。并把这种现象归因于以下几点：第一，当人们越富有时，对环境质量的要求越高；第二，人们越富有，越有能力降低环境恶化程度；第三，经济增长有利于经济结构向低污染型生产转化；第四，经济增长有利于加速降低环境污染强度技术的进步。自环境库兹涅茨曲线假说提出后，国内外进行了大量研究，但研究结果并不统一，越来越多人认为，环境库兹涅茨曲线仅是一个假说，并不一定是必然成立的规律。经济发展与环境污染的关系不仅与样本有关，还与指标的选择、估计方法的使用有关。

2002 年，经济合作与发展组织（OECD）将脱钩概念拓展到环境领域，脱钩也随即成为测度经济增长和生态环境之间的压力状况、衡量经济发展模式可持续性的工具。OECD 报告表明相对脱钩在 OECD 成员国普遍存在，绝对脱钩现象也相当普遍，但对某些环境压力指标基本没有脱钩发生；Romualdas Juknys 研究了立陶宛的“双脱钩”问题，即自然资源和经济增长的初级脱钩（primary decoupling）以及环境污染和自然资源的“次级脱钩”（secondary decoupling），结果表明环境污染的脱钩较弱且仅从近几年才开始出现；Jin Xue（2011）研究了 20 世纪 90 年代以来，杭州经济增长、住房存量增长与环境影响之间的脱钩程度；Muller 等（2011）研究了环境税是否对脱钩有独立贡献，他们认为在某些情况下，仅靠技术进步或其他驱动力即可自动脱钩，然而在许多情况下，尤其当削减或脱钩意味着高成本时，没有强有力的政策工具脱钩不会发生；Sjöström 等（2010）采用一般均衡模型将固

体废物产生同企业物质投入、产出和家庭消费连接，研究提出为了实现脱钩情景，固体废物必须以历史估计的两倍的降低率减少；Enevoldsen 等（2007）研究了能源价格和税收对能源效率和碳排放的影响，指出增加值和能源消费、碳排放之间有进一步脱钩的机会。国内方面，脱钩理论主要应用于能源消耗和碳排放领域。如孙耀华等（2011）研究了中国各省区经济发展与碳排放脱钩关系，刘怡君等研究了中国城市经济发展与能源消耗的脱钩关系等，但国内关于经济发展与其他环境污染指标方面的研究还很不足。本书试图在相关研究基础上，通过构建基于脱钩理论的脱钩分析模型，探讨我国经济增长与环境污染的脱钩关系及程度，分析二者脱钩发展的时间和空间演变趋势，从而为环境管制政策的制定和评估提供理论参考。

5.2 脱钩的界定与测度方法

所谓脱钩是指具有相互关系的两个或多个物理量之间的相互关系不再存在。脱钩可以应用于很多领域，OECD 将脱钩定义为阻断经济增长与环境恶化之间的联系，当一定时期内环境压力增长率低于经济驱力增长率时脱钩产生。OECD 进一步将脱钩分为绝对脱钩和相对脱钩，绝对脱钩是指在经济增长的同时环境压力保持稳定甚至下降；相对脱钩是指环境压力以正的速度增长但其速度小于经济增长速度。绝对脱钩又被称为强脱钩，相对脱钩又被称为弱脱钩。Vehmas 等将脱钩和复勾结合在一起，在其报告中提出了强脱钩、弱脱钩、衰退性脱钩、强复钩、弱复钩、扩张性复钩的概念。

脱钩的测度方法主要包括 OECD 脱钩指数法、Tapio 弹性分析法、IPAT 模型法等。

5.2.1 OECD 脱钩指数

OECD 提出了脱钩指数和脱钩因子，计算公式分别为：

$$脱钩指数 = (EP/DF)\ 期末/(EP/DF)\ 期初 \tag{5.1}$$

$$脱钩因子 = 1 - 脱钩指数 \tag{5.2}$$

式中 EP 为环境压力指标，DF 为驱动力指标。该指标虽然得到广泛应用，但存在两个问题：一是该指标实际上测度的是单位 GDP 环境负荷的年下降率，并不能准确判定脱钩的程度和类别；二是该指标敏感性较强，容易受基期选择的影响。

5.2.2 Tapio 脱钩指数

Tapio 在研究欧洲经济发展与碳排放量之间关系时引入交通运输量作为中间变量，将脱钩弹性分解为交通运输量与 GDP 之间的脱钩弹性和交通运输量与碳排放量之间的脱钩弱性，即

$$e_{(CO_2,GDP)} = \frac{\Delta V/V}{\Delta GDP/GDP} \times \frac{\Delta CO_2/CO_2}{\Delta V/V} \tag{5.3}$$

Tapio（2005）根据碳排放和经济增长的正负情况，以弹性值 0、0.8、1.2 为临界值，将经济增长和碳排放的关系分为三种情况：连接、脱钩和负脱钩。当弹性值在 0.8 ~ 1 之间时，为连接，如果两个变量的增长均是正的，则为扩张性连接；若两个变量的增长均为负，则为衰退连接。

脱钩进一步划分为弱脱钩、强脱钩和衰退性脱钩。当 GDP 和碳排放增长量均为正，且弹性在 0 ~ 0.8 之间时，二者关系为弱脱钩；当 GDP 增长但碳排放减少时，此时弹性为负，二者关系为强脱钩；当 GDP 下降、碳排放减少，且弹性大于 1.2 时，二者关系为衰退性脱钩。

类似地，负脱钩也分为三种类型：若 GDP 和碳排放均增长，且弹性大于 1.2，称为扩张性负脱钩；若 GDP 下降而碳排放增长，此时弹性小于 0，被称为强负脱钩；如果 GDP 和碳排放均减少，且弹性在 0 ~ 0.8 之间，称为弱负脱钩。

5.2.3 IPAT 模型法

陆钟武教授从 IPAT 方程出发，基于资源消耗与经济增长之间的定量关系提出了资源脱钩指数：

$$D_r = \frac{t}{g} \times (1 + g)$$

式中 D_r 为资源脱钩指数，g 为一定时期的经济增长率（经济增长时 g 为正值，下降时 g 为负值），t 为同期内单位 GDP 资源消耗年下降率（下降时 t 为正值，升高时 t 为负值）。

根据脱钩指数 D_r 的大小可以从经济增长和经济衰退两种状态下将资源消耗与 GDP 的脱钩程度分别划分为三类：绝对脱钩、相对脱钩和未脱钩，如表 5－1 所示。

表 5－1　　IPAT 脱钩类型

状态	经济增长情况下 $g>0$	经济衰退情况下 $g<0$
绝对脱钩	$D_r \geqslant 1$	$D_r \leqslant 0$
相对脱钩	$0<D_r<1$	$0<D_r<1$
未脱钩	$D_r \leqslant 0$	$D_r \geqslant 1$

脱钩指数法和弹性分析法对数据要求较少，在实践中得到了广泛应用。

5.2.4 差分回归系数法

差分回归系数法虽然需要较多的样本容量，但其所做的分析更为精确，具体方法如下：

$$p_t = \alpha + \beta d_t + \varepsilon_t$$

其中：p_t 和 d_t 均为自然数，p_t 代表环境压力变量，d_t 代表驱动因素，α 和 β 代表方程的两个参数，ε_t 代表方程的残差。对上式求一阶差分可以得到：$p_t - p_{t-1} = \beta(d_t - d_{t-1}) + \eta_t$，也可表达成 $\dot{p}_t = \beta\dot{d}_t + \eta_t$。

通过回归分析可以得到 $\beta = \frac{\dot{p}_t}{\dot{d}_t}$，然后定义脱钩指数 $D'_{t0t1} = 1 - \beta$。

若 $D'_{t0t1} > 0$，则未脱钩；若 $0 < D'_{t0t1} < 1$，则相对脱钩；若 $D'_{t0t1} > 1$，则绝对脱钩。

5.2.5 基于完全分解技术的脱钩分析方法

基于完全分解技术的脱钩分析方法主要通过产出效应和非产出效应衡量脱钩情况，具体过程如下：

首先，对一定时期二氧化碳排放量的变化量进行分解：

$$\Delta C_t = \Delta P_t + \Delta\alpha_t + \Delta e_t + \Delta s_t + \Delta f_t$$

其中：ΔC_t 代表二氧化碳排放量的变化量；ΔP_t 代表产出效应，表示产出变化引起的二氧化碳排放的变化量；$\Delta\alpha_t$ 代表结构效应，表示不同产业产值在总产值中所占的份额；Δe_t 代表能源密度效应，表示能源消耗效率的变化；Δs_t 代表能源结构效应，表示不同能源消费量在总消费量的占比；Δf_t 为排放密度效应，表示单位能源消耗所产生的二氧化碳的变化。

非产出效应 $\Delta F_t = \Delta C_t - \Delta P_t$。根据产出效应与非产出效应可得脱钩指数 D_t：

$$D_t = \begin{cases} -\dfrac{\Delta F_t}{\Delta P_t}, & \Delta P_t \geqslant 0, \\[2ex] \dfrac{(\Delta F_t - \Delta P_t)}{\Delta P_t}, & \Delta P_t < 0. \end{cases}$$

当 $D_t \geqslant 1$ 时，强脱钩；$0 < D_t < 1$ 时，弱脱钩；$D_t < 0$ 时，非脱钩。

5.2.6 变化量综合分析法

变化量综合分析法主要是综合环境压力（environmental stress，ES）、经济增长以及单位 GDP 环境压力等变量的变化量来判定脱钩类型及脱钩程度，对于脱钩类型或脱钩程度的判定方法可见表 5-2。对于脱钩程度的评价判断而言，该方法简单明了，对于脱钩和复钩的判断与对脱钩和复钩的定义一致。但是，该方法无法有效的区分复钩和耦合。

表 5-2　　　　环境压力和经济增长脱钩程度判定

脱钩程度	ΔGDP	ΔES	Δ(ES/GDP)
强复钩	<0	>0	>0
弱复钩	<0	<0	>0
扩张性复钩	>0	>0	>0
强脱钩	>0	<0	<0
弱脱钩	>0	>0	<0
衰退性脱钩	<0	<0	<0

5.2.7　回归分析法

通过回归分析建立环境压力和收入之间的函数关系，根据系数判断是否存在脱钩，进而利用弹性分析确定脱钩程度。

5.3　能源、环境与经济增长脱钩的实证分析

5.3.1　脱钩指标分解

Tapio 脱钩指标不仅对脱钩状态的划分更加精细，还能对脱钩指标进行分解，了解脱钩背后的机制，便于据此制定合理的政策和措施。本书采用 Tapio

脱钩指标并进行因果链分解，将能源、环境污染与经济增长之间的脱钩弹性分解为两组弹性的乘积，即能源、环境污染与工业增加值之间的弹性和工业增加值与国内生产总值之间的弹性。其中能源、环境污染指标与工业增加值之间的弹性表达式如下：

$$e_{(EP,IAV)} = \frac{\Delta EP}{EP} \Big/ \frac{\Delta IAV}{IAV} \tag{5.4}$$

该指标衡量了单位工业增加值能源强度或单位工业增加值排放强度的变化情况，在某种程度上可作为技术的替代指标。单位工业增加值能源强度或排放强度越高，说明技术越落后；单位工业增加值能源强度或排放强度越低，表明技术水平越高。因此我们可将此弹性定义为技术脱钩指标。

工业增加值与 GDP 之间的弹性表达式如下：

$$e_{(IAV,GDP)} = \frac{\Delta IAV/IAV}{\Delta GDP/GDP} \tag{5.5}$$

不同产业部门的能源消耗与污染排放强度不同，通常情况下，第二产业能源消耗与污染排放强度要高于第一产业和第三产业；工业大于建筑业，重工业大于轻工业。产业结构的变化会通过单位增加值的能源强度或排放强度影响能源消耗量与污染排放量。实际上去物质化本身就是脱钩的含义之一，因此我们可将此弹性定义为结构脱钩指标。

由公式（5.4）、公式（5.5）中可以看出，能源、环境污染指标和 GDP 之间的脱钩弹性即为技术脱钩和结构脱钩的乘积，若技术脱钩指标或结构脱钩指标大于 1，表示其对能源消耗、环境污染和经济发展之间的脱钩弹性指标的上升起正向作用，反之，则起负向作用。

除了能源数据外，在环境污染指标选择上，我们选择废气、废物和废水三类指标，将重点放在废气和废水上，主要以“十一五”规划和“十二五”规划为依据，确定了重点分析化学需氧量排放量（COD）、二氧化硫排放量、氨氮排放量（AN）、二氧化碳排放量四个指标。其中二氧化硫排放量和二氧化碳排放量为废气指标，另外两个为废水指标。由于应对气候变化方案，本书将单独分析经济增长和二氧化碳的脱钩关系。

5.3.2 河北省能源、环境与经济增长的脱钩

1999～2014年能源消耗量、环境污染排放量、GDP变化率、工业增加值的变化率见表5－3至表5－5。从表5－3至表5－5中可知，能源消耗量逐年增长直到2014年出现下跌，其中2000～2007年增长幅度较大，2008～2009年增长幅度下降明显，2010年起增长幅度又回复到2007年的水平。废水排放量持续增长，但废水中氨氮排放量持续下降，由于统计范围变化2011年有所上升；废水中化学需氧量除2004～2006年增加外，其他时间段均呈下降趋势。工业固体废物处置量大部分年份增加，导致工业固体废物排放量逐年下降。从废气排放来看，工业废气排放总量持续增加；1999～2002年，二氧化硫、烟尘、工业粉尘排放量均下降，2003～2006年三种污染排放量呈上升趋势，自2007年开始，三种污染物排放量逐年下降。在下降幅度上，二氧化硫排放量在2008年达到最高值。但值得警惕的是，2010年大部分污染物排放量下降幅度明显放缓，在二氧化硫和氨氮排放量上表现更为明显。污染物排放量变化和国内生产总值及工业增加值变化高度关联，经济增长速度快的年份恰好是污染物排放增长快的年份。工业增加值和国内生产总值变化趋势高度一致，工业增加值增长速度略高于国内生产总值增长速度（2009年是个例外）。从宏观环境分析，2000年以来由于国际经济形势好转以及国家扩大内需和增加投资的宏观经济政策等影响，大批高耗能、高污染工业项目集中上位，导致污染排放的大幅增长。针对这一情况，国家“十一五”规划首次提出节能减排战略目标，但在“十一五”初期，大部分省份都持观望态度，由此导致污染排放不减反增。2007年初国家确定1000家企业作为节能减排的重点企业，规定把节能减排指标完成情况纳入作为政府领导干部综合考核评价和企业负责人业绩考核的重要内容，实行“一票否决”制。由此扭转了污染排放上升的趋势。

表 5 - 3　　1999 ~ 2014 年河北省污染物排放指标变化率和能源消耗总量变化率

年份	废水排放量	化学需氧量排放量	氨氮排放量	工业固体废弃物处置量	能源消耗总量
1999	0. 001	-0. 086		-0. 136	0. 025
2000	-0. 076	-0. 115		-0. 68	0. 194
2001	0. 129	-0. 077		0. 565	0. 082
2002	0. 042	-0. 018		-0. 179	0. 107
2003	0. 04	-0. 005	-0. 058	2. 568	0. 141
2004	0. 142	0. 033	-0. 034	1. 498	0. 134
2005	0. 009	0. 003	0. 097	-0. 001	0. 143
2006	0. 065	0. 042	-0. 016	-0. 436	0. 099
2007	0. 004	-0. 031	-0. 108	0. 733	0. 082
2008	0. 053	-0. 093	-0. 078	0. 185	0. 031
2009	0. 044	-0. 058	-0. 013	-0. 101	0. 045
2010	0. 072	-0. 042	-0. 009	1. 283	0. 083
2011	0. 061	1. 544	1. 094	-0. 432	0. 071
2012	10. 098	-0. 029	-0. 032	0. 093	0. 024
2013	0. 017	-0. 029	-0. 033	2. 149	0. 031
2014	-0. 004	-0. 032	-0. 041	-0. 021	-0. 012

注：2011 年起废水、化学需氧量及氨氮排放量统计口径发生变化；2010 年及以后全社会能耗不包括回收能的商品能源；1999 ~ 2002 年无氨氮排放量数据。

表 5 - 4　　1999 ~ 2014 年河北省污染物排放指标变化率、工业增加值和河北省 GDP 变化率

年份	工业废气排放量	二氧化硫排放量	烟尘排放量	工业粉尘排放量	工业增加值	地区生产总值
1999	-0. 05	-0. 055	-0. 114	-0. 098	0. 105	0. 091
2000	0. 091	-0. 004	-0. 138	-0. 104	0. 108	0. 095
2001	0. 162	-0. 024	-0. 088	-0. 172	0. 089	0. 087
2002	0. 112	-0. 008	0. 026	-0. 064	0. 110	0. 096
2003	0. 237	0. 112	-0. 051	0. 04	0. 139	0. 116

续表

年份	工业废气排放量	二氧化硫排放量	烟尘排放量	工业粉尘排放量	工业增加值	地区生产总值
2004	0.376	0.004	0.033	0.105	0.151	0.129
2005	0.222	0.048	0.012	-0.015	0.157	0.134
2006	0.48	0.033	-0.012	-0.094	0.160	0.134
2007	0.224	-0.034	-0.139	-0.176	0.152	0.128
2008	-0.218	-0.099	-0.088	-0.046	0.112	0.101
2009	0.352	-0.068	-0.086	-0.158	0.096	0.100
2010	0.109	-0.015	-0.037	-0.248	0.135	0.122
2011	0.37	0.144			0.141	0.113
2012	-0.124	-0.050			0.118	0.096
2013	0.17	-0.042			0.094	0.082
2014	-0.081	-0.074			0.050	0.065

注：地区生产总值和工业增加值为 1978 年不变价格；2011 年起二氧化硫排放量统计口径发生变化，烟尘、工业粉尘无相关数据。

表 5-5　1999~2014 年河北省工业固体废弃物产生量与工业固体废弃物排放量变化率

年份	工业固体废弃物产生量	工业固体废弃物排放量
1999	-0.012	-0.082
2000	-0.018	-0.519
2001	0.259	-0.485
2002	-0.039	0.212
2003	0.056	-0.376
2004	0.868	-0.149
2005	-0.029	0.079
2006	-0.126	-0.011
2007	0.313	-0.072
2008	0.058	0.562

续表

年份	工业固体废弃物产生量	工业固体废弃物排放量
2009	0.112	-0.499
2010	0.442	-0.854
2011	0.426	
2012	0.010	
2013	-0.050	
2014	-0.031	

注：2011 年起无工业固体废弃物排放量数据。

如表 5-6 所示，从废水脱钩情况看，除 2000 年及 2014 年为强脱钩、2001 年为扩张性负脱钩、2004 年及 2012 年为扩张性连接外，其他年份均为弱脱钩。化学需氧量排放量经历了从“强脱钩—弱脱钩—强脱钩”过程，其中 1999~2003 年为强脱钩，2004~2006 年为弱脱钩，2006~2010 年为强脱钩。氨氮排放量 2005 年为弱脱钩，2011 年由于统计口径变化造成扩张性负脱钩外，其他年份均为强脱钩。说明河北省近年来对废水的治理取得了一定成效。

表 5-6　1999~2014 年河北省 GDP 与废水、化学需氧量、氨氮排放量脱钩变化趋势

年份	废水脱钩弹性	脱钩状态	化学需氧量脱钩弹性	脱钩状态	氨氮脱钩弹性	脱钩状态
1999	0.011	弱脱钩	-0.945	强脱钩		
2000	-0.800	强脱钩	-1.211	强脱钩		
2001	1.483	扩张性负脱钩	-0.885	强脱钩		
2002	0.437	弱脱钩	-0.187	强脱钩		
2003	0.345	弱脱钩	-0.043	强脱钩	-0.500	强脱钩
2004	1.101	扩张性链接	0.256	弱脱钩	-0.264	强脱钩
2005	0.067	弱脱钩	0.022	弱脱钩	0.724	弱脱钩

续表

年份	废水脱钩弹性	脱钩状态	化学需氧量脱钩弹性	脱钩状态	氨氮脱钩弹性	脱钩状态
2006	0.485	弱脱钩	0.313	弱脱钩	-0.119	强脱钩
2007	0.031	弱脱钩	-0.242	强脱钩	-0.844	强脱钩
2008	0.525	弱脱钩	-0.921	强脱钩	-0.772	强脱钩
2009	0.440	弱脱钩	-0.580	强脱钩	-0.130	强脱钩
2010	0.590	弱脱钩	-0.344	强脱钩	-0.074	强脱钩
2011	0.540	弱脱钩	13.666	扩张性负脱钩	9.683	扩张性负脱钩
2012	1.018	扩张性链接	-0.299	强脱钩	-0.329	强脱钩
2013	0.206	弱脱钩	-0.353	强脱钩	-0.397	强脱钩
2014	-0.056	强脱钩	-0.486	强脱钩	-0.632	强脱钩

如表 5-7 所示，从废气排放来看，工业废气排放脱钩不容乐观，除 1999 年、2008 年、2012 年和 2014 年为强脱钩外，其他年份均为扩张性链接或扩张性负脱钩。但从工业废气构成来看，二氧化硫排放除 2003 年为扩张性链接、2011 年为扩张性负脱钩外，其他年份均实现了脱钩，除 2004 ~ 2006 年为弱脱钩外，其他年份均为强脱钩；烟尘排放量均实现了脱钩，其中 2004 ~ 2005 年为弱脱钩，其他年份为强脱钩；工业烟尘除 2004 年为扩张性链接外，其他年份基本为强脱钩。因此，从以上三种废气排放的角度来说，河北省对废气的治理取得了明显成效。

表 5-7　1999 ~ 2014 年河北省 GDP 与工业废气、二氧化硫排放量脱钩变化趋势

年份	工业废气脱钩弹性	脱钩状态	二氧化硫脱钩弹性	脱钩状态
1999	-0.548	强脱钩	-0.602	强脱钩
2000	0.963	扩张性链接	-0.039	强脱钩
2001	1.864	扩张性负脱钩	-0.281	强脱钩
2002	1.169	扩张性链接	-0.081	强脱钩

续表

年份	工业废气脱钩弹性	脱钩状态	二氧化硫脱钩弹性	脱钩状态
2003	2.046	扩张性负脱钩	0.964	扩张性链接
2004	2.914	扩张性负脱钩	0.033	弱脱钩
2005	1.659	扩张性负脱钩	0.355	弱脱钩
2006	3.584	扩张性负脱钩	0.244	弱脱钩
2007	1.748	扩张性负脱钩	-0.268	强脱钩
2008	-2.160	强脱钩	-0.975	强脱钩
2009	3.520	扩张性负脱钩	-0.684	强脱钩
2010	0.895	扩张性链接	-0.124	强脱钩
2011	3.278	扩张性负脱钩	1.278	扩张性负脱钩
2012	-1.287	强脱钩	-0.525	强脱钩
2013	2.068	扩张性负脱钩	-0.512	强脱钩
2014	-1.242	强脱钩	-1.135	强脱钩

如表 5-8 所示，从工业固体废物排放量来看，除 2002 年和 2008 年为扩张性贡脱钩外，其他年份均为强脱钩，表明河北省对工业废物的治理成效较好。

表 5-8　1999~2010 年河北省 GDP 与工业粉尘、烟尘排放量脱钩变化趋势

年份	工业粉尘脱钩弹性	脱钩状态	烟尘脱钩弹性	脱钩状态
1999	-1.077	强脱钩	-1.253	强脱钩
2000	-1.095	强脱钩	-1.453	强脱钩
2001	-1.977	强脱钩	-1.011	强脱钩
2002	-0.667	强脱钩	0.271	弱脱钩
2003	0.345	弱脱钩	-0.440	强脱钩
2004	0.814	扩张性链接	0.256	弱脱钩
2005	-0.112	强脱钩	0.090	弱脱钩
2006	-0.701	强脱钩	-0.090	强脱钩

续表

年份	工业粉尘脱钩弹性	脱钩状态	烟尘脱钩弹性	脱钩状态
2007	-1.375	强脱钩	-1.086	强脱钩
2008	-0.455	强脱钩	-0.871	强脱钩
2009	-1.580	强脱钩	-0.860	强脱钩
2010	-2.032	强脱钩	-0.303	强脱钩

如表 5-9 所示，从能源消耗脱钩来看，经济增长与能耗消耗的脱钩大体分为两个阶段，第一阶段为 2000~2005 年，这一阶段基本为扩张性负脱钩或扩张性链接，说明河北省经济增长为高能耗型的。从 2006 年起，随着国家对单位 GDP 能耗的强制性限制，能源消耗呈现弱脱钩现象，2014 年转为强脱钩，表明经济增长快于能源消费增长。

表 5-9　1999~2014 年河北省 GDP 与工业固体废弃物处置量、能源消耗总量脱钩变化趋势

年份	工业固体废弃物排放量脱钩弹性	脱钩状态	工业固体废弃物处置量脱钩弹性	脱钩状态	能源消耗总量脱钩弹性	脱钩状态
1999	-0.901	强脱钩	-1.491	强脱钩	0.274	弱脱钩
2000	-5.463	强脱钩	-7.162	强脱钩	2.039	扩张性负脱钩
2001	-5.575	强脱钩	6.500	扩张性负脱钩	0.943	扩张性链接
2002	2.208	扩张性负脱钩	-1.869	强脱钩	1.109	扩张性链接
2003	-3.241	强脱钩	22.137	扩张性负脱钩	1.218	扩张性负脱钩
2004	-1.155	强脱钩	11.614	扩张性负脱钩	1.039	扩张性链接
2005	0.590	弱脱钩	-0.004	强脱钩	1.070	扩张性链接
2006	-0.082	强脱钩	-3.252	强脱钩	0.737	弱脱钩
2007	-0.563	强脱钩	5.729	扩张性负脱钩	0.642	弱脱钩
2008	5.564	扩张性负脱钩	1.830	扩张性负脱钩	0.309	弱脱钩

续表

年份	工业固体废弃物排放量脱钩弹性	脱钩状态	工业固体废弃物处置量脱钩弹性	脱钩状态	能源消耗总量脱钩弹性	脱钩状态
2009	-4.990	强脱钩	-1.013	强脱钩	0.451	弱脱钩
2010	-6.999	强脱钩	10.513	扩张性负脱钩	0.252	弱脱钩
2011			-3.834	强脱钩	0.633	弱脱钩
2012			0.969	扩张性链接	0.255	弱脱钩
2013			26.213	扩张性负脱钩	0.382	弱脱钩
2014			-0.330	强脱钩	-0.178	强脱钩

注：2011 年由于统计标准发生变化故部分指标产生较大波动。

如表 5-10 和表 5-11 所示，结合中间变量来看，除废水外，大部分年份各种污染排放的 GDP 弹性和污染排放的工业增加值弹性变化趋势一致，即中国经济增长与污染排放的脱钩主要是由污染排放和工业增加值的脱钩造成，其中主要是由节能减排科技进步、淘汰落后产能所致；能源消耗的 GDP 弹性和能源消耗的工业增加值弹性变化趋势完全一致，脱钩状态也完全一致，即 2006 年以后为弱脱钩，之前为扩张性负脱钩或扩张性链接。工业增加值对 GDP 的弹性除 2009 年外均保持在 1 以上，即使在 2009 年也达到 0.960，说明工业结构比重偏高且对能源、污染排放与经济发展脱钩的贡献作用尚未显现。但从另一方面来说，河北省结构节能、结构减排的潜力很大，应成为下阶段节能减排工作的重点之一。

表 5-10　1999～2014 年河北省污染物排放量和能源消耗总量的技术脱钩弹性

年份	技术脱钩弹性（废水）	技术脱钩弹性（化学需氧量）	技术脱钩弹性（氨氮）	技术脱钩弹性（工业固体废弃物排放量）	技术脱钩弹性（能源消耗总量）
1999	0.005	-0.816		-0.781	0.237
2000	-0.700	-1.069		-4.806	1.793

续表

年份	技术脱钩弹性（废水）	技术脱钩弹性（化学需氧量）	技术脱钩弹性（氨氮）	技术脱钩弹性（工业固体废弃物排放量）	技术脱钩弹性（能源消耗总量）
2001	1.451	-0.868		-5.449	0.922
2002	0.380	-0.167		1.920	0.965
2003	0.289	-0.034	-0.416	-2.697	1.013
2004	0.942	0.219	-0.224	-0.987	0.887
2005	0.055	0.018	0.620	0.505	0.916
2006	0.404	0.265	-0.100	-0.069	0.617
2007	0.027	-0.201	-0.708	-0.474	0.541
2008	0.472	-0.830	-0.694	5.018	0.279
2009	0.457	-0.603	-0.131	-5.198	0.470
2010	0.531	-0.312	-0.067	-6.326	0.228
2011	0.432	10.947	7.755		0.507
2012	0.828	-0.243	-0.267		0.208
2013	0.179	-0.308	-0.346		0.334
2014	-0.073	-0.632	-0.822		-0.232

表 5-11　1999~2014 年河北省污染物排放量技术脱钩弹性和结构脱钩弹性

年份	技术脱钩弹性（工业废气）	技术脱钩弹性（二氧化硫）	技术脱钩弹性（烟尘）	技术脱钩弹性（工业粉尘）	结构脱钩弹性
1999	-0.475	-0.522	-1.086	-0.933	1.154
2000	0.847	-0.034	-1.278	-0.963	1.137
2001	1.823	-0.275	-0.989	-1.933	1.023
2002	1.016	-0.070	0.235	-0.580	1.150
2003	1.703	0.802	-0.366	0.287	1.202
2004	2.490	0.028	0.219	0.695	1.171
2005	1.420	0.304	0.077	-0.096	1.168
2006	3.004	0.205	-0.075	-0.588	1.193

续表

年份	技术脱钩弹性（工业废气）	技术脱钩弹性（二氧化硫）	技术脱钩弹性（烟尘）	技术脱钩弹性（工业粉尘）	结构脱钩弹性
2007	1.472	-0.226	-0.914	-1.158	1.188
2008	-1.948	-0.880	-0.786	-0.411	1.109
2009	3.667	-0.713	-0.896	-1.646	0.960
2010	0.809	-0.112	-0.274	-1.837	1.106
2011	2.627	1.024			1.248
2012	-1.047	-0.427			1.229
2013	1.804	-0.447			1.146
2014	-1.615	-1.476			0.769

5.3.3 河北省碳排放与经济增长的脱钩

由于近年来京津冀地区成为大气污染的重灾区，在环保部每月公布的全国十大污染城市中，河北省占6~7个，因此，本书在环境污染脱钩部分没有研究碳排放脱钩问题，而是将碳排放脱钩专门作为一部分来写。

从表5-12可以看出，2000~2005年是河北省碳排放比较严重的时期，在这六年中，除2000年和2003年为扩张性负脱钩外，其他四年均为扩张性链接。除此之外，1981年、1986年和1993年出现了扩张性负脱钩或扩张性链接。虽然从2006年起河北省碳排放呈现出弱脱钩状态，但对积重难返的河北省天气状况来讲，只有实现强脱钩才能转变恶劣的天气状况。

从中间变量来看，河北省二氧化碳与经济增长的脱钩基本是由技术脱钩弹性决定的，即正是由于单位GDP碳排放的下降导致了二氧化碳排放与经济增长的弱脱钩，而结构变化不仅未能起到促进脱钩的作用，反而抑制了脱钩的出现或脱钩的程度。

表 5-12　1981~2014 年河北省二氧化碳排放量与经济发展之间的脱钩弹性

年份	地区生产总值变化率	工业 GDP 变化率	二氧化碳排放量变化率	结构脱钩弹性	技术脱钩弹性	二氧化碳脱钩弹性	脱钩状态
1981	0.010	-0.019	0.187	-1.924	-9.695	18.656	扩张性负脱钩
1982	0.118	0.028	0.076	0.240	2.700	0.648	弱脱钩
1983	0.115	0.057	0.068	0.499	1.184	0.591	弱脱钩
1984	0.144	0.232	0.065	1.610	0.281	0.452	弱脱钩
1985	0.125	0.180	0.003	1.441	0.019	0.028	弱脱钩
1986	0.051	0.087	0.118	1.704	1.354	2.306	扩张性负脱钩
1987	0.116	0.164	0.102	1.414	0.620	0.876	扩张性链接
1988	0.135	0.167	-0.005	1.237	-0.031	-0.039	强脱钩
1989	0.061	0.068	0.042	1.122	0.607	0.681	弱脱钩
1990	0.058	0.046	-0.009	0.797	-0.193	-0.154	强脱钩
1991	0.110	0.093	0.043	0.845	0.464	0.392	弱脱钩
1992	0.156	0.221	0.035	1.417	0.158	0.223	弱脱钩
1993	0.177	0.243	0.167	1.373	0.686	0.942	扩张性链接
1994	0.149	0.162	0.162	1.087	1.003	1.090	扩张性链接
1995	0.139	0.150	0.076	1.079	0.506	0.546	弱脱钩
1996	0.135	0.169	-0.003	1.252	-0.021	-0.026	强脱钩
1997	0.125	0.151	0.010	1.208	0.065	0.078	弱脱钩
1998	0.107	0.121	0.022	1.131	0.179	0.203	弱脱钩
1999	0.091	0.105	0.015	1.154	0.141	0.163	弱脱钩
2000	0.095	0.108	0.195	1.137	1.804	2.050	扩张性负脱钩
2001	0.087	0.089	0.076	1.023	0.854	0.874	扩张性链接
2002	0.096	0.110	0.111	1.150	1.005	1.156	扩张性链接
2003	0.116	0.139	0.169	1.202	1.214	1.459	扩张性负脱钩
2004	0.129	0.151	0.137	1.171	0.907	1.062	扩张性链接
2005	0.134	0.157	0.179	1.168	1.142	1.334	扩张性负脱钩
2006	0.134	0.160	0.131	1.193	0.821	0.979	扩张性链接
2007	0.128	0.152	0.090	1.188	0.590	0.701	弱脱钩

续表

年份	地区生产总值变化率	工业 GDP 变化率	二氧化碳排放量变化率	结构脱钩弹性	技术脱钩弹性	二氧化碳脱钩弹性	脱钩状态
2008	0.101	0.112	0.053	1.109	0.469	0.520	弱脱钩
2009	0.100	0.096	0.065	0.960	0.672	0.645	弱脱钩
2010	0.122	0.135	0.023	1.106	0.171	0.189	弱脱钩
2011	0.113	0.141	0.070	1.248	0.500	0.624	弱脱钩
2012	0.096	0.118	0.012	1.229	0.101	0.124	弱脱钩
2013	0.082	0.094	0.031	1.146	0.331	0.380	弱脱钩
2014	0.065	0.050	0.001	0.769	0.021	0.016	弱脱钩

注：国内生产总值和工业增加值为1978年不变价格。

由能源消耗、环境污染与经济增长的脱钩分析来看，技术进步对脱钩起着正向作用，而经济结构是制约与经济脱钩的重要因素。河北省除进一步加大技术创新力度外，产业结构调整更是重中之重。

河北省生态文明建设与经济转型升级研究

Chapter 6

第6章　河北省产业结构调整的节能减排效应

近年来河北省经济取得快速发展。2008～2012年，河北省GDP总量均排在全国第六位。但在经济快速发展的同时，能源与环境问题也越来越突出。与全国相比，河北省能源消费结构优质化程度较低，能源消费结构中煤消费比重长期保持在90%以上，超出全国20%以上。富煤贫油的资源禀赋导致河北省环境问题突出，甚至影响到周边省市。2014年1月10日，绿色和平组织发布了全国74座城市2013年度PM2.5平均浓度排名，其中前10名中河北省占7席，除廊坊排在第8位外，其他6个设区市排在前6名。严重的环境问题引起了党和国家领导人、人民群众的极大关注，京津冀协同发展已成为国家战略，其中基础设施一体化和大气污染联防联控为优先领域，产业结构优化升级为合作重点。管理节能、结构节能、技术节能是节能减排的三大抓手，在京津冀协同发展背景下，产业结构节能效应尤其值得关注。

6.1 河北省产业结构的能源消耗特征

本书采用王菲等提出的产业结构特征偏向指数来描述产业结构的能源消耗特征，计算公式为：

$$ICB_i = \sum_{k=1}^{j} S_{ki} Z_k \qquad (6.1)$$

其中，ICB_i 为i地区的产业结构特征偏向指数，S_{ki} 为i地区k行业在该地区总产值或生产总值中所占比重，Z_k 为k行业的单位产值（增加值）能耗。为了单纯反映产业结构的变化特征，需要去除掉技术进步等因素的影响，即假设各产业不同年份单位增加值能耗相同。由于不同产业单位增加值能耗不同，高耗能产业能源强度较高，低耗能产业能源强度较低，若高耗能产业比重较高，ICB_i 值就较大，产业结构高耗能特征就越明显，因此从 ICB_i 变化可以看出某地区产业结构特征的走向与趋势。

从三次产业看（见表 6－1），2005～2012 年，第二产业能源强度最高，基本处于 1.7～2.8 吨标准煤/万元之间，第一产业能源强度最小，基本在 0.12～0.14 吨标准煤/万元之间；各产业能源强度均呈下降趋势，第二产业能源强度下降幅度最大，第一产业能源强度下降幅度最小。第一产业所占比重逐年下降，第三产业比重逐渐上升，第二产业比重变化不大。根据公式（6.1），2005～2012 年，河北省产业结构偏向指数分别为 1.66、1.68、1.67、1.71、1.65、1.66、1.69、1.67，总体上产业结构特征偏向指数变化不大，2008 年达到最大值，2009 年降为最低值，2010 年起开始上升，2012 年又有所下降。由于河北省第二产业在地区生产总值中占绝大比重，河北省产业结构偏向指数主要是由第二产业决定的，第二产业比重下降或内部结构调整，都会影响河北省产业结构的耗能特征。

表 6－1　　2005～2012 年河北省三次产业比重与能源强度

年份	第一产业		第二产业		第三产业	
	比重	能源强度	比重	能源强度	比重	能源强度
2005	0.1398	0.3800	0.5266	2.7994	0.3336	0.4128
2006	0.1275	0.3828	0.5328	2.6781	0.3397	0.3931
2007	0.1326	0.3228	0.5293	2.4720	0.3381	0.3615
2008	0.1271	0.3010	0.5434	2.1185	0.3295	0.3320
2009	0.1281	0.2921	0.5198	2.1305	0.3521	0.3026
2010	0.1257	0.2680	0.5250	1.9005	0.3493	0.2866
2011	0.1185	0.2423	0.5354	1.8024	0.3461	0.2624
2012	0.1199	0.2220	0.5269	1.7484	0.3532	0.2541

从工业内部行业结构来看，各行业能源消费量差异较大，2005～2011 年，六大高耗能行业能源消费所占比重分别为 85.75%、89.15%、89.20%、

89.42%、89.58%、89.92%、90.48%，一直呈上升趋势。这六大高耗能行业同时也是单位生产总值能耗最高的行业，2005 年，煤炭开采和洗选业，石油加工、炼焦及核燃料加工业，化学原料及化学制品制造业，非金属矿物制品业，黑色金属冶炼及压延加工业，电力、热力的生产和供应业六大高耗能行业的单位生产总值能耗分别为 2.87 吨标准煤/万元、1.46 吨标准煤/万元、1.78 吨标准煤/万元、1.98 吨标准煤/万元、1.71 吨标准煤/万元、3.10 吨标准煤/万元，2011 年六大高耗能行业的单位生产总值能耗分别降为 0.68 吨标准煤/万元、0.38 吨标准煤/万元、0.59 吨标准煤/万元、0.78 吨标准煤/万元、0.86 吨标准煤/万元、1.63 吨标准煤/万元，虽然能源强度仍是各行业中最高的，但与 2005 年相比下降幅度很大，分别下降了 76.38%、74.17%、67.01%、60.52%、49.33%、47.47%，由此可见河北省各行业在节能技术上取得了长足进步。2005 年六大高耗能行业生产总值占规模以上工业行业生产总值比重分别为 2.66%、4.55%、5.32%、4.10%、31.22%、9.32%，2011 年这一比重分别为 3.49%、5.22%、4.65%、4.21%、28.88%、6.31%，煤炭开采和洗选业，石油加工、炼焦及核燃料加工业，化学原料及化学制品制造业，非金属矿物制品业四个行业所占比重变化不大，黑色金属冶炼及压延加工业，电力、热力的生产和供应业两大行业所占比重下降较多，表明河北省政府为应对气候变化在压缩钢铁、电力等落后产能方面做了大量工作。为了从总体上说明工业内部各行业结构特征，根据公式（6.1）计算出 2005~2007 年、2009~2011 年的工业行业结构特征偏向指数①，分别为 1.33、1.31、1.28、1.23、1.20、1.18，结构特征偏向指数逐年降低，表明河北省工业行业高耗能特征有逐渐减轻倾向。详见表 6-2。

① 由于 2009 年《河北经济年鉴》中没有公布各行业工业生产总值和工业增加值数据，无法计算该年工业行业结构特征偏向指数。另外，由于 2012 年起工业行业分类发生了变化，计算时间截止到 2011 年。

表 6-2　河北省工业分行业能源强度与比重

行业	2005 年		2011 年	
	结构	能源强度	结构	能源强度
煤炭开采和洗选业	0.0266	2.8662	0.0349	0.6769
石油和天然气开采业	0.0239	2.7715	0.0076	0.2044
黑色金属矿采选业	0.0264	0.3073	0.0554	0.1051
有色金属矿采选业	0.0008	0.4362	0.0013	0.0916
非金属矿采选业	0.0025	0.5458	0.0028	0.1760
农副食品加工业	0.0448	0.3307	0.0440	0.1231
食品制造业	0.0211	0.2965	0.0152	0.1072
饮料制造业	0.0103	0.3361	0.0089	0.1489
烟草制品业	0.0049	0.0705	0.0034	0.0213
纺织业	0.0387	0.2667	0.0320	0.1021
纺织服装、鞋、帽制造业	0.0082	0.1123	0.0073	0.0402
皮革、毛皮、羽毛（绒）及其制品业	0.0208	0.0946	0.0202	0.0478
木材加工及木、竹、藤、棕、草制品业	0.0057	0.3168	0.0045	0.2491
家具制造业	0.0036	0.1308	0.0039	0.0927
造纸及纸制品业	0.0146	1.1008	0.0117	0.2810
印刷业和记录媒介的复制	0.0033	0.0920	0.0039	0.0472
文教体育用品制造业	0.0008	0.1020	0.0011	0.0422
石油加工、炼焦及核燃料加工业	0.0455	1.4579	0.0522	0.3766
化学原料及化学制品制造业	0.0532	1.7791	0.0465	0.5869
医药制造业	0.0196	0.4542	0.0140	0.2238
化学纤维制造业	0.0040	1.0570	0.0018	0.3782
橡胶制品业	0.0069	0.3741	0.0090	0.1385
塑料制品业	0.0144	0.3368	0.0134	0.0908
非金属矿物制品业	0.0410	1.9769	0.0421	0.7805
黑色金属冶炼及压延加工业	0.3122	1.7061	0.2888	0.8645
有色金属冶炼及压延加工业	0.0134	0.2313	0.0122	0.0798
金属制品业	0.0278	0.1718	0.0407	0.0612

续表

行业	2005年		2011年	
	结构	能源强度	结构	能源强度
通用设备制造业	0.0256	0.2601	0.0405	0.1526
专用设备制造业	0.0189	0.3052	0.0227	0.0705
交通运输设备制造业	0.0306	0.2200	0.0410	0.0503
电气机械及器材制造业	0.0241	0.1253	0.0374	0.0423
通信设备计算机及其他电子设备制造业	0.0052	0.1993	0.0078	0.0574
仪器仪表及文化、办公用机械制造业	0.0018	0.2013	0.0021	0.0235
工艺品及其他制造业	0.0026	0.1588	0.0030	0.0424
废弃资源和废旧材料回收加工业	0.0003	0.2290	0.0016	0.0397
电力、热力的生产和供应业	0.0932	3.0959	0.0631	1.6263
燃气生产和供应业	0.0010	0.3008	0.0016	0.0277
水的生产和供应业	0.0015	0.3927	0.0007	0.1790

6.2 河北省产业结构调整对能源强度的影响

6.2.1 分解方法

令 E 代表能源消费总量，E_i 代表各产业（行业）能源消费量，G 代表河北省地区生产总值或工业总产值，G_i 代表各产业增加值或各行业生产总值，则

$$E = \sum_{i=1}^{n} E_i \quad G = \sum_{i=1}^{n} G_i \tag{6.2}$$

$$e = \frac{E}{G} = \frac{\sum_{i=1}^{n} E_i}{\sum_{i=1}^{n} G_i} = \frac{\sum_{i=1}^{n} e_i \cdot G_i}{\sum_{i=1}^{n} G_i} = \sum_{i=1}^{n} e_i g_i \tag{6.3}$$

其中，e_i 为第 i 产业（行业）的能源强度，g_i 为第 i 产业增加值占生产总值的比重或占工业总产值的比重。

由公式（6.3）可知，能源强度变化取决于两个因素：一个是各产业的能源强度，反映了各产业能源利用效率的高低；另一个是产业结构，反映了各产业在国民经济总量中所占的比重。根据统计指数的因素分解理论，统计指数由数量指标和质量指标构成，分析数量指标变动的影响时，将同度量因素固定在基期；分析质量指标变动的影响时，将同度量因素固定的报告期，则

$$\frac{e^t}{e^{t-1}} = \frac{\sum_{i=1}^{n} e_i^t \cdot g_i^t}{\sum_{i=1}^{n} e_i^{t-1} \cdot g_i^{t-1}} = \frac{\sum_{i=1}^{n} e_i^{t-1} \cdot g_i^t}{\sum_{i=1}^{n} e_i^{t-1} \cdot g_i^{t-1}} \times \frac{\sum_{i=1}^{n} e_i^t \cdot g_i^t}{\sum_{i=1}^{n} e_i^{t-1} \cdot g_i^t} \tag{6.4}$$

公式（6.4）中第一部分为产业结构变动对能源强度变动的相对影响，第二部分为能源效率变动对能源强度变动的相对影响。

根据公式（6.4）可进一步计算能源强度变化中的结构份额和效率份额。年度能源强度变化中的结构份额为：

$$\frac{\sum_{i=1}^{n} e_i^{t-1}(g_i^t - g_i^{t-1})}{\sum_{i=1}^{n} e_i^t \cdot g_i^t - \sum_{i=1}^{n} e_i^{t-1} \cdot g_i^{t-1}} \tag{6.5}$$

年度能源强度变化中的效率份额为：

$$\frac{\sum_{i=1}^{n} (e_i^t - e_i^{t-1}) g_i^t}{\sum_{i=1}^{n} e_i^t \cdot g_i^t - \sum_{i=1}^{n} e_i^{t-1} \cdot g_i^{t-1}} \tag{6.6}$$

6.2.2 产业结构调整对能源强度的影响

根据公式（6.4）至公式（6.6），可以计算各年份能源强度指数、结构

指数、效率指数及三次产业结构调整和各产业能源效率变化对能源强度变化的影响。参见表 6－3。

表 6－3　　河北省能源强度变化中的结构份额和效率份额

项目	2006 年	2007 年	2008 年	2009 年	2010 年	2011 年	2012 年
能源强度指数	0.9665	0.9156	0.8815	0.9635	0.9042	0.9584	0.9567
结构指数	1.0091	0.9950	1.0203	0.9675	1.0076	1.0150	0.9879
效率指数	0.9578	0.9202	0.8639	0.9958	0.8974	0.9443	0.9684
共同分母	－0.0558	－0.1358	－0.1746	－0.0474	－0.1198	－0.0471	－0.0469
结构份额分子	0.0152	－0.0080	0.0300	－0.0422	0.0095	0.0169	－0.0131
效率份额分子	－0.0710	－0.1277	－0.2046	－0.0052	－0.1294	－0.0640	－0.0338
结构份额	－0.2725	0.0593	－0.1716	0.8899	－0.0795	－0.3595	0.2795
效率份额	1.2725	0.9407	1.1716	0.1101	1.0795	1.3595	0.7205

从能源强度指数可以看出，各年份的能源强度均有不同程度的下降，其中下降程度最大的是 2008 年，其能源强度只是 2007 年的 88.15%，另外 2010 年和 2007 年下降幅度也较大。从结构指数看，只有 2007 年、2009 年、2012 年的结构指数小于 1，表明结构调整有利于能源强度的降低；而 2006 年、2008 年、2010 年、2011 年结构指数均大于 1，表明结构调整导致能源强度提高。各年份的效率指数均小于 1，表明各产业能源利用效率的提高降低了总的能源强度。

从历年的结构份额与效率份额来看，仅 2007 年、2009 年、2012 年的结构份额为正值，表明结构调整促进了能源强度的降低，这和结构指数的结果是一致的；效率份额均为正值，除 2009 年外，在绝对值上均大于结构份额，表明在能源强度变化中效率份额影响更大。这三个年份恰好是第二产业比重下降的年份，因此第二产业结构调整在结构份额中占优势地位，图 6－1 可以清楚地看出这一点。

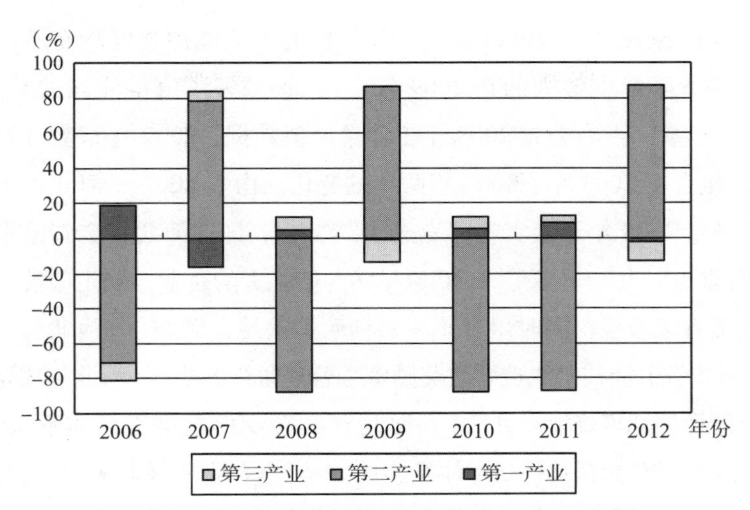

图 6－1 河北省影响能源强度的各产业结构份额

6.2.3 工业行业结构调整对能源强度的影响

根据公式（6.4）至公式（6.6），可以计算各年份工业行业能源强度指数、结构指数、效率指数及各行业结构调整和各行业能源效率变化对工业能源强度变化的影响（见表 6－4）。

表 6－4 河北省工业能源强度变化中的结构份额和效率份额

项目	2006 年	2007 年	2009 年	2010 年	2011 年
工业能源强度指数	0.8867	0.8474	0.7158	0.8159	0.8658
结构指数	0.9915	0.9917	0.9773	0.9658	0.9830
效率指数	0.8545	0.8545	0.7324	0.8448	0.8808
分母	-0.1503	-0.1794	-0.2832	-0.1313	-0.0781
结构份额分子	-0.0190	-0.0098	-0.0226	-0.0244	-0.0099
效率份额分子	-0.1313	-0.1696	-0.2606	-0.1069	-0.0682
结构份额	0.1264	0.0546	0.0798	0.1858	0.1268
效率份额	0.8736	0.9454	0.9202	0.8142	0.8732

注：2009 年《河北经济年鉴》没有公布 2008 年各行业工业总产值数据。

从工业能源强度指数可以看出，各年份的工业能源强度均有不同程度的下降，其中下降幅度最大的是 2009 年，达 28.42%。值得注意的是 2009 年《河北经济年鉴》没有公布 2008 年工业总产值数据，2009 年指数计算基期为 2007 年，包含了 2008 年、2009 年两年的变化。由于 2007 年河北省工业节能效果不显著，2008 年开始实施“双三十”工程，即在河北省全省范围内确定 30 个左右重点县（市、区）和 30 家排污与能耗大的企业，制定节能减排工作目标，实施省级考核；同时出台了一系列政策法规，例如，《河北省节能监察办法》《河北省节能技术改造财政奖励资金管理暂行办法》《河北省固定资产投资项目节能评估和审查暂行办法》《河北省单位 GDP 能耗考核体系实施方案》《河北省单位 GDP 能耗统计指标体系实施方案》《河北省单位 GDP 能耗监测体系实施方案》《关于进一步加强节油节电工作的实施方案》《关于深入开展全民节能行动的通知》《2008 年河北省“双三十”单位节能减排目标考核实施方案》。在“十一五”期间河北省出台的 26 项政策法规中，2008 年共 9 项，超过 1/3。2009 年仅出台了一项《河北省绿色信贷政策效果评价方法》，可见 2008 年节能减排工作已为完成“十一五”节能减排目标打下了坚实基础。

从结构指数看，历年的结构指数均小于 1，表明工业行业内部结构调整有利于能源强度的降低；2010 年结构指数最小，表明 2010 年结构调整效应最大。效率指数均小于 1，且小于结构指数，表明工业各行业能源效率提高对节能的贡献超过结构调整。从结构份额和效率份额可以看得更清楚：在工业行业能源强度变化中，效率份额占 80% ~90%，结构份额最大的年份为 18.58%，最小的年份仅 5.46%。

6.3 河北省产业结构调整对能源消费量的影响

6.3.1 分解方法

将各期能源消费量进行分解，分解公式如下：

$$E^t = \sum Y^t \times \frac{Y_i^t}{Y^t} \times \frac{E_i^t}{Y_i^t} = \sum Y^t \times S_i^t \times I_i^t \tag{6.7}$$

式中，E^t 为第 t 期的能源消费总量，E_i^t 为第 i 产业（行业）第 t 期的能源消费量，Y_i^t 为第 i 产业（行业）第 t 期的增加值，S_i^t 第 i 产业（行业）第 t 期所占比重，I_i^t 第 i 产业（行业）第 t 期的能源强度，其数值大小反映了技术进步产生的效率效应。

基于公式（6.7），本书采用较为通行的 LMDI（对数平均权重分解法）对能源消费总量的变化进行因素分解。LMDI 分解法具有因素可逆、能消除残差项、不产生余值的特点。它有“加和分解”和“乘积分解”两种方式，两种方式最终分解结果相同。本书采用“加和分解”方式。

$$\Delta E_{tot} = E^t - E^0 = \Delta E_{gdp} + \Delta E_{str} + \Delta E_{int} \tag{6.8}$$

$$\Delta E_{gdp} = \sum_{i=1}^{n} \frac{E_i^t - E_i^0}{\ln \frac{E_i^t}{E_i^0}} \times \ln \frac{Y^t}{Y^0} \tag{6.9}$$

$$\Delta E_{str} = \sum_{i=1}^{n} \frac{E_i^t - E_i^0}{\ln \frac{E_i^t}{E_i^0}} \times \ln \frac{S_i^t}{S_i^0} \tag{6.10}$$

$$\Delta E_{int} = \sum_{i=1}^{n} \frac{E_i^t - E_i^0}{\ln \frac{E_i^t}{E_i^0}} \times \ln \frac{I_i^t}{I_i^0} \tag{6.11}$$

式中，ΔE_{tot} 为能源消费总量的变化量，ΔE_{gdp} 代表规模效应，即由于经济总量发生变化导致的能源消费增量，ΔE_{str} 代表结构效应，ΔE_{int} 代表由于技术进步产生的效率效应。由于 LMDI 为完全分解法，所以公式（6.8）中没有余值。

6.3.2 产业结构调整对能源消费总量的影响

根据公式（6.8）至公式（6.11），将河北省能源消费量增量分解为规模效应、产业结构调整效应、效率效应。各个效应的分解结果见表 6－5。

表6－5　　河北省能源消费总量变化的因素分解结果

年份	能源消费增量	规模效应	结构效应	效率效应
2006	1783.74	2381.54	158.06	－755.86
2007	1595.93	3291.73	－97.67	－1598.13
2008	747.08	3323.04	407.01	－2982.97
2009	771.93	1559.66	－709.05	－78.68
2010	1509.13	3755.36	168.17	－2414.41
2011	3510.34	4563.14	370.19	－1423.00
2012	986.02	2184.08	－330.12	－867.95

从表6－5可以看出，2006～2012年，河北省能源消费持续增长，除2008年、2009年、2012年外，能源消费增量均在1000万吨标准煤以上，2011年比2010年甚至增长了3510.34万吨。在河北省能源消费量的各影响因素中，规模效应在各年份均为正值，且在绝对值上远大于结构效应和效率效应，说明河北省能源消费增长主要是由经济增长拉动的，经济规模的持续扩大是河北省能源消费持续攀升的主要影响因素。从结构效应来看，2007年、2009年、2012年三个年份结构效应为负值，说明这三个年份产业结构调整对能源消费的快速增长起到了抵制作用，而其他四个年份的结构效应为正值，说明这四个年份产业结构调整对能源消费的增长起了推动作用。从三次产业结构来看，2007年、2009年、2012年这三个年份恰好是第二产业比重下降的年份，由于河北省第二产业比重在50%以上，产业结构调整效应完全由第二产业变化决定。从效率效应来看，各年份的效率效应均为负值，说明分析期内各产业能源使用效率的不断提升对能源消费增长起了抵制作用。

6.3.3　工业行业结构调整对能源消费总量的影响

上文分析表明第二产业比重上升对能源消费增长起了推动作用，那么工业行业内部结构变化对工业能源消费起什么作用呢？根据公式（6.8）至公式（6.11），将河北省工业能源消费量增量分解为规模效应、行业结构调整效应、效率效应。各个效应的分解结果见表6－6。

表6－6　　河北省工业能源消费总量变化的因素分解结果

年份	工业能源消费增量	规模效应	结构效应	效率效应
2006	1262.96	3070.17	－271.16	－1536.04
2007	1131.85	3848.75	－149.16	－2567.74
2009	168.30	5868.41	－446.92	－5253.18
2010	958.26	4544.32	－636.01	－2950.06
2011	1878.45	4620.58	－330.49	－2411.64

从表6－6可以看出，2006～2011年，河北省工业能源消费持续增长。在各种影响因素中，规模因素起决定作用，各年份规模效应均为正值，且从绝对值上大于结构效应和效率效应，表明河北省工业产出增长是拉动能源消费的决定因素。各年份的结构效应均为负值，表明虽然河北省工业结构占绝大比重，但工业内部行业结构调整有“绿色”倾向，对工业能源消费的快速增长起到了一定抑制作用。各年份效率效应均为负值，在绝对值上大于结构效应，表明工业行业能源使用效率的不断提高是抑制工业能源消费快速攀升的主要因素。

6.4　河北省产业结构调整对碳排放的影响

借鉴公式（6.8）至公式（6.11），将河北省工业碳排放量增量分解为规模效应、行业结构调整效应、效率效应。各个效应的分解结果见表6－7。

表 6－7　河北省工业碳排放量变化的因素分解结果

年份	工业碳排放增量	规模效应	结构效应	效率效应
2006	4198.27	6745.38	－636.73	－1910.37
2007	2523.27	8580.08	－332.51	－5724.31
2009	375.20	13082.64	－996.38	－11711.07
2010	2136.25	10130.82	－1417.84	－6576.73
2011	4187.71	10300.77	－736.78	－5376.28

从表 6－7 可以看出，2006～2011 年，河北省工业碳排放量持续增长。和工业能源消费增量类似，2009 年碳排放增量最小，这主要是由于河北省为完成国家设定的节能减排目标，综合采取各种措施造成的。在各种影响因素中，规模因素起决定作用，各年份规模效应均为正值，且从绝对值上大于结构效应和效率效应，表明河北省工业产出增长是拉动碳排放的决定因素。各年份的结构效应均为负值，表明虽然河北省工业结构占绝大比重，但工业内部行业结构调整对工业碳排放的快速增长起到了一定抑制作用。各年份效率效应均为负值，在绝对值上大于结构效应，表明工业行业能源使用效率的不断提高是抑制工业碳排放快速攀升的主要因素。

6.5　结论与建议

根据上文的分析，河北省整体产业结构特征偏向指数变化不大，工业行业结构特征偏向指数逐年降低，表明河北省工业行业高耗能特征有逐渐减轻倾向；三次产业结构调整对能源强度影响有正有负，而工业行业内部结构调整在样本年份内均有利于能源强度的降低，但在绝对值上远小于效率份额；产业结构调整对能源消费总量的影响有正有负，在影响工业能源消费总量的因素中，规模因素起约定作用，工业内部行业结构调整降低了能源消费量，但其效应小于技术创新的影响。因此河北省产业结构调整应从以下几个方向进行：

第一，适当降低第二产业比重。在三次产业中，第二产业的能源强度最高，而河北省第二产业比重长期保持在 50% 以上，第三产业发展缓慢，2012 年在全国 31 个省（市、自治区、直辖市）中，河北省第三产业比重排在第 24 位，仅高于吉林、陕西、江西、四川、青海、安徽、河南等省份，这和河北省的经济大省地位是不相符的。河北省应该在加快生态文明建设、打造"美丽河北"的契机下，充分利用毗邻京津的独特区位、方便快捷的交通体系，优先发展生产性服务业，加快发展生活性服务业，大力发展高端服务业，打造服务业集聚发展区，构建、完善有利于服务业发展的产业政策体系，使服务业成为河北省科学发展的生力军。

第二，进一步加快工业行业结构调整，转变经济发展方式。虽然河北省工业行业结构调整取得了一定成绩，对节能减排做出了较大贡献。但总体来说，河北省重工业占较大比重，轻工业处于绝对劣势地位，工业"重化"情况严重；工业中的制造业占绝大比重，而高耗能行业又在制造业中占绝大比重，河北省工业具有明显的高耗能、高污染特点；传统产业比重大，高新技术产业占比小，不到工业增加值的十分之一，在能源紧张和节能减排的双重压力下，技术改造应成为工业行业结构调整的切入点和重要抓手，河北省在选择、确定和建设主导产业及其群体时，应该在循序渐进的基础上，综合主导产业及其群体的优势，充分利用发达国家和地区的先进技术和产业建设成果，争取在某些领域实现"跳跃式"的跨越。

第三，合理承接京津产业转移。随着京津冀协同发展上升为国家重大战略，河北省成为京津功能疏散和产业转移的首选地，河北省要积极承接京津行政、医疗、文化、教育产业转移，逐步提高第三产业比重；在第二产业方面，要清楚能承接什么，不能承接什么，要有选择的承接，多承接高新技术产业、高端制造业、战略新兴产业，对于高耗能、高污染行业，要实行转移中升级，实现高耗能、高污染行业的清洁转身。

第7章　基于系统动力学的河北省工业碳排放

7.1 模型的总体构思

化石能源的大量消耗，必定带来温室气体的排放。工业作为能源消费大户，在河北省的碳排放中占了绝对的主体地位。河北省目前处于工业现代化建设的关键时期，经济的飞速发展必然会导致工业碳排放的大量增加。工业碳足迹取决于社会整体经济水平、行业自身因素和技术水平等多方面的因素。基于这一现状，研究河北省工业碳排放现状，必然要结合经济、人口和科技水平，针对河北省“十二五”规划中提出的具体目标，建立工业碳足迹的系统动力学模型，对于未来的碳排放情景进行模拟。

模型涵盖四个子系统，分别是能源子系统、人口子系统、经济子系统和环境子系统。

从模型框架图7－1可以看出，四个子系统之间相互作用，相互影响。其中能源子系统处于核心位置，能源的水平直接制约经济、人口的发展，能源的消费和废弃物排放直接影响了环境的质量。经济子系统为系统提供动力，经济总量和经济增长率决定了系统总体的发展。人口子系统是发展子系统，其

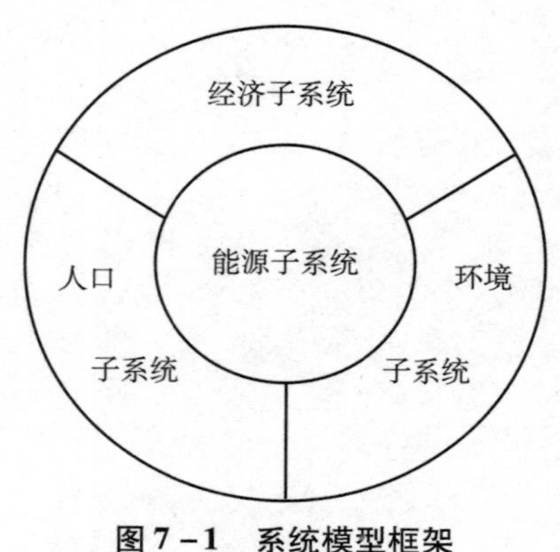

图7－1　系统模型框架

发展水平直接受到其他子系统发展状况的影响，人口的数量又能够反作用于经济发展、能源消费和环境质量。环境子系统是评价子系统，经济发展、人口增长和能源消耗的最终效果将直接反映在环境的质量上，在本书中主要用碳排放量来进行评价。

7.2 系统建模

本书中模型的建立和仿真，主要利用 Vensim_PLE 软件。模型的数据主要来自历年《中国能源统计年鉴》和《河北经济年鉴》。具体的建模思路如下：

（1）确定系统的边界，将河北省工业行业碳足迹系统分为四个子系统，对于经济、人口、能源和环境子系统以及各个指标因素之间的关系进行分析，确定因果关系图和反馈回路。

（2）就变量间的作用关系，确定变量性质类型，通过 Vensim_PLE 软件将变量之间的关系描绘成因果关系图。

（3）将因果关系图整合为系统的流图，通过 Vensim_PLE 软件的公式编辑功能为每个变量确定函数关系或赋值。

（4）变量的函数关系输入完毕后，对整个模型进行检验，分为灵敏度检验和有效性检验，将运行得到的模拟数据与真实的数据进行比较；若模拟得到的数据与真实的数据误差很大，则证明模型的可靠度不够，需要对系统的参数进行调整，然后再次运行，直到模拟的结果与真实值的误差缩小到可接受的范围，才能证明模型的可信度。在模型通过验证之后，才能利用模型进行政策实验。本书在此模型上将进行三种情景模拟，模拟河北省从 2005 ~ 2020 年的几个主要指标的发展趋势，并以图表表示模拟结果，为河北省发展低碳经济提供有理论依据的政策建议。

7.2.1 确定系统的边界

系统边界如何确定，是模型建立的第一个问题。系统动力学认为，系统的行为源于系统结构，外部环境对于系统行为模式的影响，是通过内部结构起作用。系统的研究对象，一般是在大范围的社会系统中抽取出来的闭合系统，因此定义边界是十分有必要的。系统的行为取决于内部的要素，也就是系统的内生变量；而边界以外的变化因素则成为系统的外生变量。

在整个社会经济系统中，工业部门并非独立于其他部门和产业而存在。为了对工业行业的碳足迹进行模拟，除了工业行业的能源消费等直接因素之外，还应当考虑产业政策、环保政策、人口变化、固定资产投资等诸多因素。如本章第7.1节对于模型的整体构想，河北省工业碳足迹系统应当包含经济、人口、能源和环境四个子系统，子系统的内部要素在整个系统中又是相互影响，相互作用，这就构成了整个系统的边界。

7.2.2 因果关系图

系统控制的决策过程的进行，主要位于系统中一个或者多个回路之中。在明确了系统边界的基础上，我们根据变量之间的相互关系来构建因果关系回路（见图7-2）。

如图7-2所示，系统中的主要反馈回路有：

工业GDP→+科技投入→+能源利用效率→-化石能源消费量→+工业碳排放量→+碳排放水平→+减排成本→-工业GDP

工业GDP→+GDP总量→+人均GDP→+生活水平→+人口→+劳动力→+工业GDP

环保政策→+产业结构→-高耗能行业能源消费→+化石能源消费量→+工业碳排放量→+碳排放水平→-环境质量→+环保政策

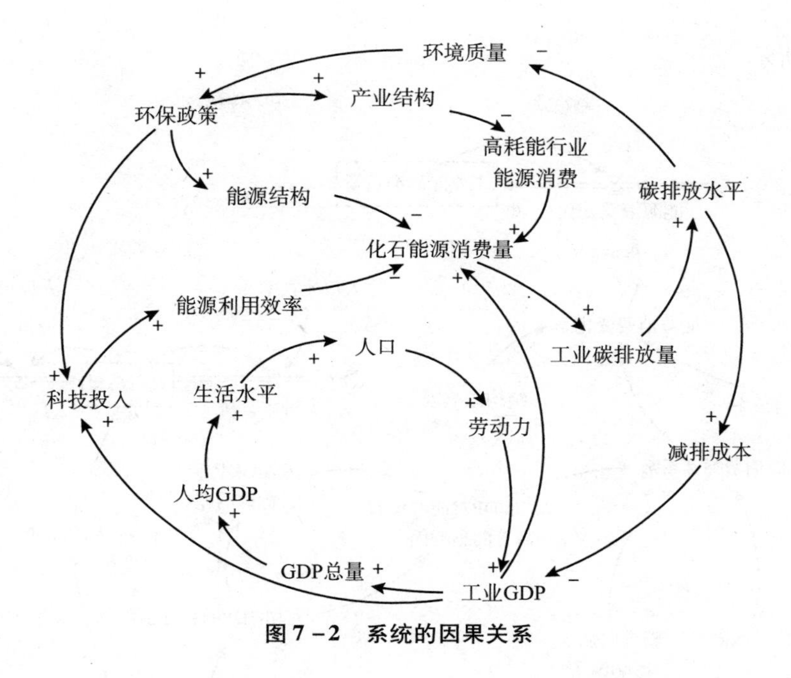

图 7-2 系统的因果关系

环保政策→+能源结构→-化石能源消费量→+工业碳排放量→+碳排放水平→-环境质量→+环保政策

环保政策→+科技投入→+能源利用效率→-化石能源消费量→+工业碳排放量→+碳排放水平→-环境质量→+环保政策

碳排放水平→-环境质量→+环保政策→+能源结构→-化石能源消费量→+工业碳排放量→+碳排放水平

碳排放水平→-环境质量→+环保政策→+产业结构→-高耗能行业能源消费→+化石能源消费量→+工业碳排放量→+碳排放水平

碳排放水平→+减排成本→-工业 GDP→+化石能源消费量→+工业碳排放量→+碳排放水平

7.2.3 系统动力学模型

根据图 7-2 的因果关系图，我们将其转化为系统动力学流图，如图

7－3 所示。

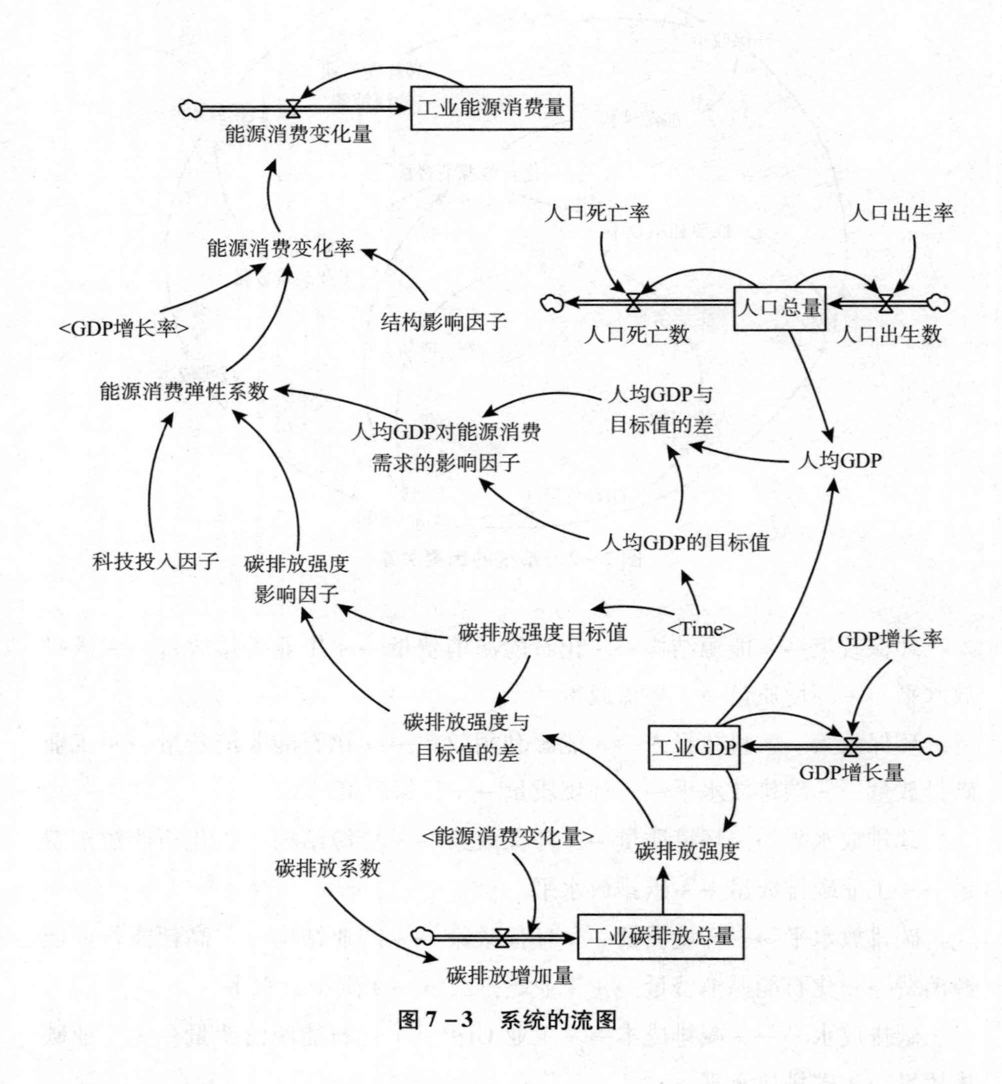

图 7－3　系统的流图

2005 年之前的河北省能源消耗数据缺失，2005 年之后的各项数据趋于完善，能够保证数据的完整性和真实性，因此选择 2005 年作为模拟的起点。模型的时间界定为 2005～2020 年。

另外，需要考虑模型的另一项指标积分步长（DT）的选择。从理论上来说，DT 的选择不得大于系统变化周期的 1/4，否则会使计算的结果失真。在一阶系统中，通常选取 DT =（0.1 ~0.5）× DT。实际中也可以根据实际管理中的决策频率来确定 DT。在本模型中，DT 确定为 1 年。

7.3 模型变量及方程

7.3.1 模型中的变量

系统动力学模型中，变量分为四类，分别是：存量（状态变量）、流量（速率变量）、辅助变量、常量。模型中具体的变量名称和量纲如表 7 – 1 所示。

表 7 – 1 模型中的主要变量

编号	变量名称	变量类型	变量单位
1	工业能源消费量	状态变量	万吨标准煤
2	能源消费变化量	速率变量	万吨标准煤
3	能源消费变化率	辅助变量	Dmnl
4	能源消费弹性系数	辅助变量	Dmnl
5	科技投入因子	常量	Dmnl
6	结构影响因子	常量	Dmnl
7	工业 GDP	状态变量	亿元
8	GDP 增长量	速率变量	亿元
9	GDP 增长率	常量	Dmnl
10	工业碳排放总量	状态变量	万吨
11	碳排放增加量	速率变量	万吨
12	碳排放强度	辅助变量	万吨/亿元

续表

编号	变量名称	变量类型	变量单位
13	碳排放系数	常量	Dmnl
14	碳排放强度目标值	辅助变量	万吨/亿元
15	碳排放强度与目标值的差	辅助变量	万吨/亿元
16	碳排放强度影响因子	辅助变量	Dmnl
17	人口总量	状态变量	万人
18	人口出生数	速率变量	万人
19	人口出生率	常量	Dmnl
20	人口死亡数	速率变量	万人
21	人口死亡率	常量	Dmnl
22	人均 GDP	辅助变量	元
23	人均 GDP 的目标值	辅助变量	元
24	人均 GDP 与目标值的差	辅助变量	元
25	人均 GDP 对能源消费需求的影响因子	辅助变量	Dmnl
26	INITIAL Time	辅助变量	Year

7.3.2 模型方程

模型中各个变量之间的关系需要通过定义方程来确定。本模型中的主要方程有：

（1）工业能源消费量（单位：万吨标准煤）。工业能源消费量 = INTEG（能源消费变化量，14554）。在 Vensim_PLE 软件中，INTEG 函数表示积分，括号中的第一个量为变化量，第二个量为初始值。

（2）能源消费变化量（单位：万吨标准煤）。能源消费变化量 = 工业能源消费量 × 能源消费变化率。

（3）能源消费变化率（单位：Dmnl）。能源消费变化率 = 能源消费弹性系数×GDP 增长率。

（4）能源消费弹性系数（单位：Dmnl）。能源消费弹性系数 = 1 - SQRT［SQRT（科技投入因子×人均 GDP 对能源消费需求的影响因子×碳排放强度影响因子）］。其中，SQRT 为平方根函数。

（5）科技投入因子（单位：Dmnl）。科技投入因子 = 0.75。由表函数计算得出。

（6）结构影响因子（单位：Dmnl）。结构影响因子 = 0.7。由表函数计算得出。

（7）工业 GDP（单位：亿元）。工业 GDP = INTEG（GDP 增长量 - 减排成本，4704.28）。

（8）GDP 增长量（单位：亿元）。GDP 增长量 = 工业 GDP×GDP 增长率。

（9）GDP 增长率（单位：Dmnl）。GDP 增长率 = 0.13。GDP 增长率数值，来自工业和信息化发展规划，要求“十二五”期间，全省规模以上工业，增加值年均增长 13%。

（10）工业碳排放总量（单位：万吨）。工业碳排放总量 = INTEG（碳排放增加量，32445.72）。

（11）碳排放增加量（单位：万吨）。碳排放增加量 = 能源消费变化量×碳排放系数×44/12。

（12）碳排放系数（单位：Dmnl）。碳排放系数 = 0.608。

（13）碳排放强度（单位：万吨/亿元）。碳排放强度 = 工业碳排放总量/工业 GDP。即单位工业增加值二氧化碳排放量。

（14）碳排放强度目标值（单位：万吨/亿元）。碳排放强度目标值 = WITH LOOKUP（Time，［（2005，3.5）-（2020，7.5）］，（2005，6.8971），（2006，6.6274），（2007，6.3683），（2008，6.1193），（2009，5.8800），（2010，5.6501），（2011，5.4292），（2012，5.2169），（2013，5.0129），（2014，4.8169），（2015，4.6286），（2016，4.4476），（2017，4.2737），（2018，4.1066），（2019，3.9460），（2020，3.7917））。表函数中，碳排放

强度的下降速度，按照“到2020年，单位GDP碳排放量与2005年相比，下降45%”的发展目标确定。

（15）碳排放强度与目标值的差（单位：万吨/亿元）。碳排放强度与目标值的差=碳排放强度－碳排放强度目标值。

（16）碳排放强度影响因子（单位：Dmnl）。碳排放强度影响因子=IF THEN ELSE（碳排放强度与目标值的差≥0，碳排放强度与目标值的差/碳排放强度目标值，0.25）。该函数表明，当碳排放强度大于或等于碳排放强度目标值时，碳排放强度影响因子，等于碳排放强度与目标值的差/碳排放强度目标值，否则，其值等于0.25。

（17）人口总量（单位：万人）。人口总量=INTEG（人口出生数－人口死亡数，6851）。

（18）人口出生数（单位：万人）。人口出生数=人口总量×人口出生率。

（19）人口出生率（单位：Dmnl）。人口出生率=0.013。

（20）人口死亡数（单位：万人）。人口死亡数=人口总量×人口死亡率。

（21）人口死亡率（单位：Dmnl）。人口死亡率=0.00655。

（22）人均GDP（单位：元）。人均GDP=工业GDP/人口总量。

（23）人均GDP的目标值（单位：元）。人均GDP的目标值=WITH LOOKUP（Time，［（2005，6500）－（2020，40000）］，（2005，6866.56），（2006，7699.62），（2007，8633.74），（2008，9681.2），（2009，10855.7），（2010，12172.8），（2011，13649.6），（2012，15305.5），（2013，17162.4），（2014，19244.6），（2015，21579.4），（2016，24197.4），（2017，27133），（2018，30424.8），（2019，34116），（2020，38255））。表函数。

（24）人均GDP与目标值的差（单位：元）。人均GDP与目标值的差=人均GDP－人均GDP的目标值。

（25）人均GDP对能源消费需求的影响因子（单位：Dmnl）。人均GDP

对能源消费需求的影响因子 = IF THEN ELSE（人均 GDP 与目标值的差/人均 GDP 的目标值≥0，0.5，0.05）。该函数表明当人均 GDP 大于或等于人均 GDP 的目标值时，人均 GDP 对能源消费的需求，影响因子等于 0.5，否则，影响因子等于 0.05。

（26）INITIAL TIME（单位：Year）。INITIAL TIME = 2005。模型的起始时间。

7.3.3 参数说明

模型中参数的选择是建立模型的过程中非常重要的一步。本书中参数的主要类型有常数、表函数和初始赋值，参数的确定方法主要有：

（1）查阅《河北经济年鉴》《中国能源年鉴》等统计年鉴和政府部门的相关数据和文献资料，运用相关统计学知识，整理已知数据并进行预测。如工业 GDP、人口总数、工业能源消费量等。

以工业能源消费量为例，工业能源消费量的值是在 2005 年初始值的基础上，能源消费变化量在积分步长上的积分得出具体数值，如图 7－4 所示。历年的工业能源消费量，数据来源于《中国能源年鉴》，根据地区能源平衡表中的工业能源消耗分项数据整理得出。

（2）利用 Vensim_PLE 软件自带的表函数功能，建立模型中部分变量之间的函数关系以得出参数值。如科技投入因子、结构影响因子、人均 GDP 的目标值、碳排放强度的目标值等。

以人均 GDP 的目标值为例，模型中建立人均 GDP 的目标值表函数，是基于工业 GDP 以及人口数两项目标值综合得出的合理设定。其中，工业 GDP 的增长速度来自工业和信息化规划纲要中“年均增长 13%”的目标；人口的增长速度，则来自河北省“十二五”规划中“人口自然增长率不超过 7.13‰”的约束性指标。表函数如图 7－5 所示。

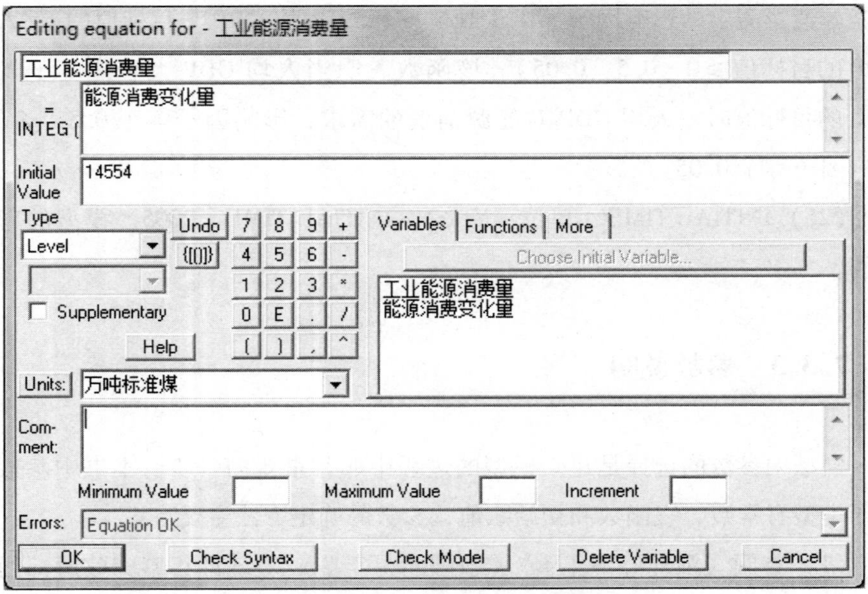

Editing equation for - 工业能源消费量

工业能源消费量

= INTEG (

能源消费变化量

Initial Value 14554

Type Level

Supplementary

Undo 7 8 9 +

4 5 6 -

1 2 3 *

0 E . /

( ) , ^

Help

Variables | Functions | More

Choose Initial Variable...

工业能源消费量

能源消费变化量

Units: 万吨标准煤

Comment:

Minimum Value Maximum Value Increment

Errors: Equation OK

OK Check Syntax Check Model Delete Variable Cancel

图 7－4　工业能源消费量函数

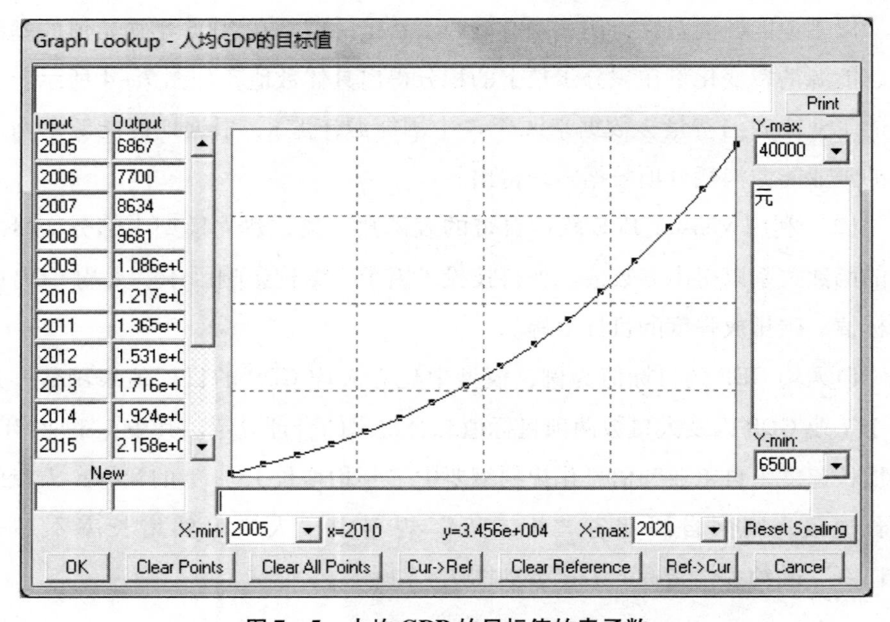

图 7－5　人均 GDP 的目标值的表函数

（3）运行模型之后，针对与真实数据不符的结果修改模型的参数，使得模拟的结果更加接近真实数据。

7.4 系统仿真及结果

7.4.1 模型初始值

模型的初始值，是指对于模型中的特定变量在模拟的最初时点，需要根据其实际情况进行赋值。根据模型的流图，河北省工业碳足迹系统中，共有13个变量需要赋予初始值；其中，初始值需要根据模拟起始年（2005年）的实际统计数据确定的共有4个，分别是：

（1）工业能源消费量。工业能源消费量初始值，即2005年能源消费量，通过统计整理获得，为14554万吨标煤。

（2）工业碳排放总量。工业碳排放总量的初始值，以2005年工业的终端消费量为基础，乘以碳排放系数，得出初始数值，为32445.72万吨。

（3）工业GDP。工业GDP的初始值（2005年）根据2006年《河北经济年鉴》的统计数据确定，为4704.28亿元。

（4）人口数。人口总量的初始值（2005年）根据2006年《河北经济年鉴》的统计数据确定，为6851万人。

7.4.2 系统仿真

模型中的积分步长确定为1年，模拟时长为16年（2005~2020年），模型的设置如图7-6所示。

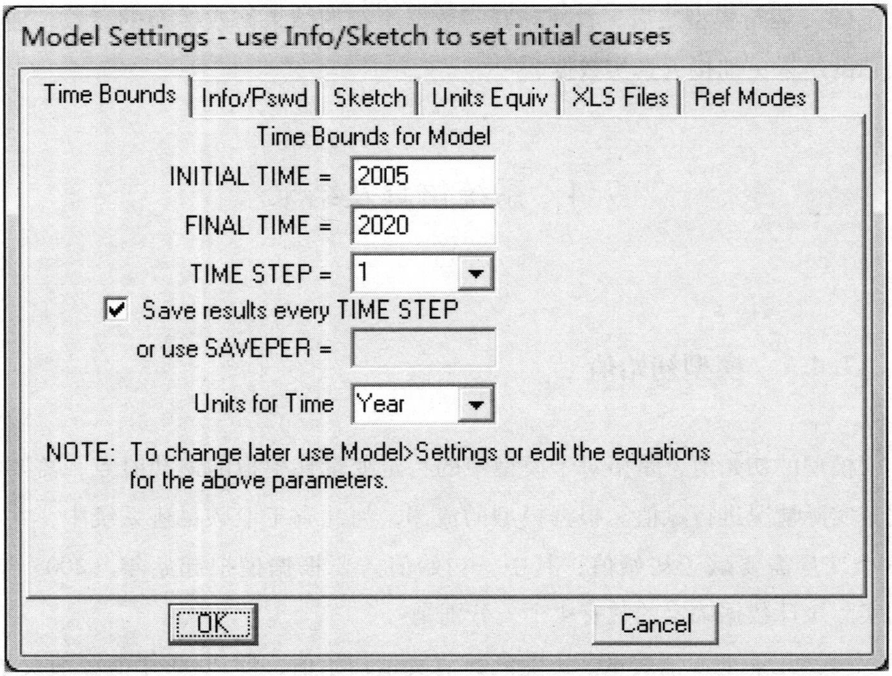

图 7－6　模型的设置界面

根据前面建立的系统模型和设定的参数方程，运行 Vensim_PLE 软件，模拟河北省 2005～2020 年工业碳足迹系统的运行情况。

可以得到四组数据，分别对应工业 GDP，人口总量，工业能源消费量和工业碳排放总量的仿真结果，如表 7－2 所示。

表 7－2　　2005～2020 年系统仿真结果

年份	工业 GDP （亿元）	人口总量 （万人）	工业能源消费量 （万吨标准煤）	工业碳排放量 （万吨）
2005	4708.28	6851	14544	32445.72
2006	5315.84	6895.19	15857.3	35351.21
2007	6006.89	6939.66	16778.1	37403.98

续表

年份	工业 GDP（亿元）	人口总量（万人）	工业能源消费量（万吨标准煤）	工业碳排放量（万吨）
2008	6787.79	6984.42	17752.3	39575.79
2009	7670.2	7029.47	18783.1	41873.79
2010	8667.33	7074.81	19873.7	44305.10
2011	9794.08	7120.45	21027.7	46877.75
2012	11067.3	7166.37	22248.7	49599.77
2013	12506.1	7212.6	23540.6	52479.84
2014	14131.9	7259.12	24907.5	55527.12
2015	15969	7305.94	26353.8	58751.4
2016	18045	7353.06	27884	62162.73
2017	20390.8	7400.49	29503.1	65772.24
2018	23041.6	7448.22	31216.2	69591.32
2019	26037	7496.26	33028.8	73632.20
2020	29421.8	7544.61	34946.7	77907.84

7.5 模型的检验

系统动力学认为，任何一个模型都不能完全地反映现实，模型只是对于现实情况的一种抽象模拟。在模型中，现实中可以观察到的规律和法则仍然适用。模型的质量没有好坏之分，但是在系统动力学中，我们应该选择具有更高的可信度的模型，以便对于现实问题提出更加有效的政策建议。因此，模型的检验就显得尤为重要。

对于模型的检验主要包括模型的结构评价测试、量纲一致性测试、有效性测试以及灵敏度测试。

7.5.1 结构评价测试

对于模型的结构进行测试，主要是检验本书所构建的模型的结构，是否能够与我们对于河北省工业碳足迹实际情况的认知相符合。主要的测试对象包括：模型的因果关系、回路以及系统流图。本书中的河北省工业碳足迹模型，是在对于河北省工业行业概况进行全面分析的基础上，借鉴了系统动力学权威模型以及先进经验而构建的；模型的参数主要来源于历年的统计年鉴，同时也参考了，河北省“十二五”发展规划中，各项发展指标，数据可信度高，与现实基本相符。运行 Vensim_PLE 软件，也表明了模型结构的正确性（见图 7－7）。

图 7－7　检验结果

7.5.2 量纲一致性测试

对于量纲的测试主要是为了保证模型中相关变量的量纲一致性，可以逐一检查每一个方程的量纲，也可以通过软件的自带功能进行测试。经 Vensim_PLE 软件的量纲检测功能测试，模型中的量纲保证了一致性（见图 7－8）。

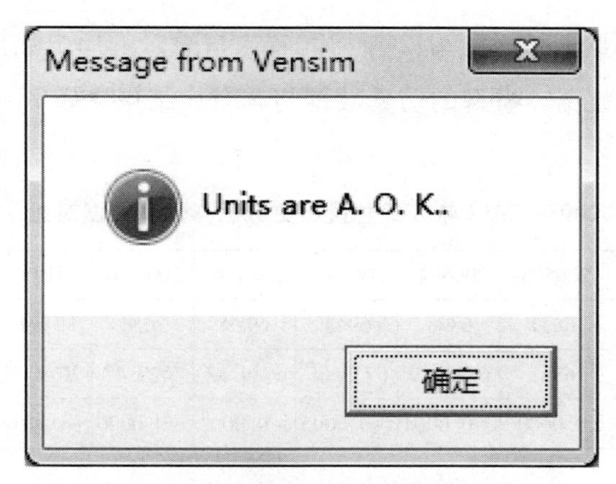

图 7-8 量纲一致性的检验结果

7.5.3 有效性测试

模型的有效性测试主要是通过比较历史数据与仿真数据之间的偏差率，来验证模型的有效性。

篇幅所限，本书主要验证了工业 GDP、人口总量、工业能源消费量和工业碳排放总量的历史数据和仿真数据之间的误差，以验证所建立模型的有效性。通过以下的数据检验可以看出，偏差率都在 ±10% 以内，基本满足了系统仿真的条件，说明河北省工业碳足迹系统能够较为真实地还原了现实情况。

（1）工业 GDP。2005～2012 年河北省工业 GDP 的历史数据来自《河北经济年鉴》的统计数据，模型的仿真数据与其对比结果见表 7-3。

表 7-3　　2005～2012 年工业 GDP 历史数据与仿真数据对比

对比项	2005 年	2006 年	2007 年	2008 年	2009 年	2010 年	2011 年	2012 年
历史数据（亿元）	4704.28	5485.96	6515.32	7891.54	7983.86	9554.03	11770.38	12511.6
仿真数据（亿元）	4704.28	5315.84	6006.89	6787.79	7670.20	8667.33	9794.08	11067.3
偏差率（%）	0.0000	-0.0310	-0.0780	-0.1009	-0.0393	-0.0928	-0.1007	-0.1054

（2）人口总量。2005～2012年河北省人口总量的历史数据来自《河北经济年鉴》的统计数据，模型的仿真数据与其对比结果见表7－4。

表7－4　2005～2012年人口总量历史数据与仿真数据对比

对比项	2005年	2006年	2007年	2008年	2009年	2010年	2011年	2012年
历史数据（万人）	6851	6898	6943	6989	7034	7194	7241	7288
仿真数据（万人）	6851	6895.19	6939.66	6984.42	7029.47	7074.81	7120.45	7166.37
偏差率（%）	0.0000	－0.0004	－0.0005	－0.0007	－0.0006	－0.0166	－0.0166	－0.0167

（3）工业能源消费量。2005～2012年河北省工业能源消费量的历史数据来自《河北经济年鉴》的统计数据，模型的仿真数据与其对比结果见表7－5。

表7－5　2005～2012年工业能源消费量历史数据与仿真数据对比

对比项	2005年	2006年	2007年	2008年	2009年	2010年	2011年	2012年
历史数据（万吨标准煤）	14554	16143.72	17570.76	18188.88	18824.74	20029.45	23275.37	23588.6
仿真数据（万吨标准煤）	14544	15857.3	16778.1	17752.3	18783.1	19873.7	21027.7	22248.7
偏差率（%）	0.0000	－0.0177	－0.0451	－0.0240	－0.0022	－0.0078	－0.0966	－0.0568

（4）工业碳排放总量。2005～2012年河北省工业碳排放总量的历史数据来自本书第3章的计算结果，模型的仿真数据与其对比结果见表7－6。

表7－6　2005～2012年工业碳排放总量历史数据与仿真数据对比

对比项	2005年	2006年	2007年	2008年	2009年	2010年	2011年	2012年
历史数据（万吨）	32445.72	35989.73	39171.08	40549.08	41966.62	44652.32	51888.56	52586.85
仿真数据（万吨）	32445.72	35351.21	37403.98	39575.79	41873.79	44305.10	46877.75	49599.77
偏差率（%）	0.0000	－0.0187	－0.0541	－0.0420	－0.0032	－0.0087	－0.0693	－0.0687

7.5.4 灵敏度测试

模型的灵敏度测试主要是为了检验变量值的变化是否会带来仿真结果的显著变化，以及这种变化带来的影响。灵敏度的计算公式如下：

$$S=\frac{(Y_t'-Y_t)/Y_t}{(X_t'-X_t)/X_t}$$

通过对于模型中的一些主要参数进行灵敏度测试，可以发现其 S 值均小于 1，由此证明这些参数具有较好的灵敏度。

通过以上对于河北省工业碳足迹系统的结构评价测试、量纲一致性测试、有效性测试以及灵敏度测试，验证了该模型能够可信地反映现实状况，可以用于系统仿真，为河北省发展低碳经济提供可靠的政策建议。

河北省生态文明建设与
经济转型升级研究

Chapter 8

第 8 章　碳足迹系统分情景模拟

8.1 发展情景的确定

在建立了河北省工业碳足迹模型之后，下一步就是通过系统仿真，以确定适合于河北省现实状况的经济发展模式。

本书的研究对象，是河北省工业碳足迹系统，分别建立了能源子系统、人口子系统、经济子系统和环境子系统。系统仿真就是在子系统不同变量的基础之上，对于相关变量进行组合和仿真，对比不同发展方案之下的仿真结果，为实现河北省“十二五”规划的发展目标提供政策参考。

国际能源机构（IEA）在《世界能源展望2007》中，提出了三种发展情景，分别为：“参考情景”（reference scenario），“可选择政策情景”（alternative policy scenario），“高经济增长情景”（high growth scenario）。其作用是预测世界能源需求的变化，这些变化由各国政府的能源政策引起。情景在描述未来发展的可能性方面，比别的方法更加简化和直观。一般来说，情景的设定始于假设，其对象是重要关系和驱动力，且对象通常连贯一致。情景，可能针对不同的发展情境，做出详细的描述，情景不是假设，也不是预想。情景可以从预计中得到，但经常是来源于其他信息的额外信息。

在建立河北省工业碳足迹的系统动力学模型的基础上，本书设计了三种情景来进行仿真模拟，三种情景的总体目标见表8－1。

表8－1　　模型的三种情景

情景名称	情景设计
情景1	参数设定和发展趋势继续保持系统现有数据，不实施任何减排措施，作为基准的参考情景
情景2	首要目标是调整产业结构，加大科技投入力度，降耗减排，提高能源利用效率，实现河北省温室气体排放强度的持续降低
情景3	基于经济与环境协调发展的设想，实施可持续发展战略，继续加大结构调整和科研投入，并在基准情景的基础上，提前五年完成减排目标

为了对于模型中的状态变量进行仿真，模型的控制参考变量选取常量和状态变量初始值等系统参数，主要有碳排放强度目标值、科技投入因子、结构影响因子和碳排放强度影响因子。

经过调试，不同情景的参数设定如表8-2所示。

表8-2　　三种情景的参数设定

参数名称	碳排放强度（年均降低）目标值（%）	GDP增长速度（%）	人口出生率（‰）	人口死亡率（‰）	科技投入因子（Dmnl）	结构影响因子（Dmnl）	碳排放强度影响因子（Dmnl）
情景1	3.91	13	13	6.55	0.75	0.7	IF THEN ELSE（碳排放强度与目标值的差≥0，碳排放强度与目标值的差/碳排放强度目标值，0.25）
情景2	4.98	13	13	6.55	1	0.6	IF THEN ELSE（碳排放强度与目标值的差≥0，碳排放强度与目标值的差/碳排放强度目标值，0.15）
情景3	5.8	13	13	6.55	1.25	0.5	IF THEN ELSE（碳排放强度与目标值的差≥0，碳排放强度与目标值的差/碳排放强度目标值，0.1）

8.2　发展模式对比分析

对于三种模拟情景的仿真结果进行总结，发现不同的影响因子在三种发展情景之下，得到的结果不同。下面主要从碳排放强度和工业碳排放量两方面进行对比。

8.2.1　碳排放强度目标值的对比

三种情景的碳排放强度的设定不同，情景1中的碳排放强度设定为每年降低3.91%，依据是“到2020年，单位GDP碳排放比2005年降低40%～45%”的发展目标。情景2设定为4.98%，即2015年的碳排放强度，比2005年降低40%。情景3设定为5.8%，即2015年的碳排放强度，比2005年降低45%，比情景1的预期完成时间提前五年。三种情景目标值差异如图8－1所示。

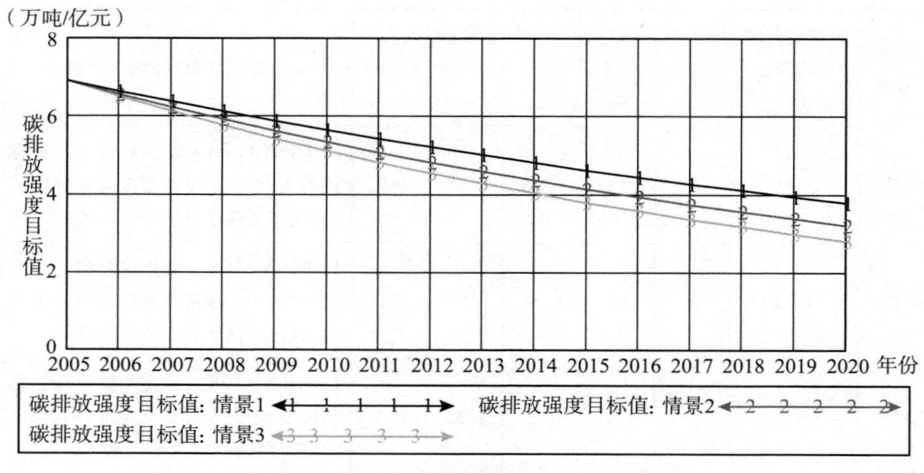

图8－1　碳排放强度目标值的对比结果

8.2.2　工业碳排放量的对比

从图8－2可以看出，虽然三种情景中，碳排放量在未来几年仍然保持了增长的态势，但是情景2和情景3的碳排放量均低于情景1。这是由于科技投入、结构调整以及其他影响因子的作用。与此同时，以情景1为基准，情景3的变化幅度大于情景2，在影响因子的调整上幅度更大，有利于提前实现低碳经济的发展目标。

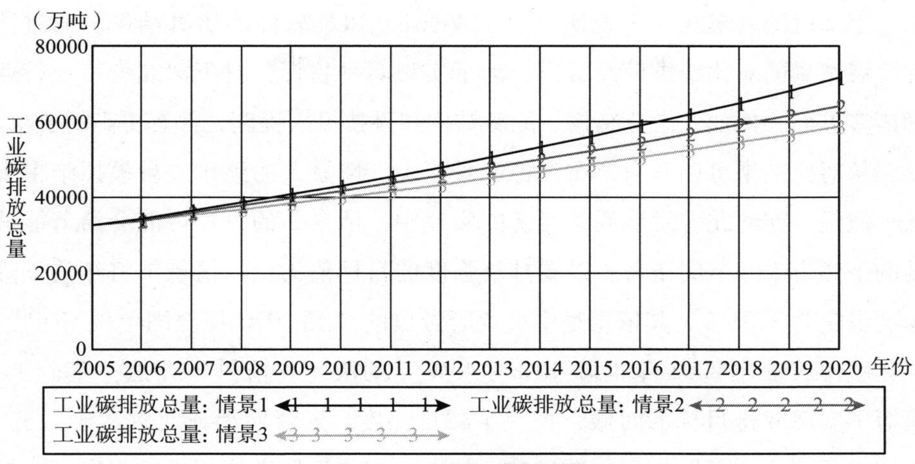

图 8 -2 工业碳排放量的对比结果

8.2.3 碳排放强度的对比

通过图 8 -3 可以看出，三种情景下，碳排放强度的仿真结果有所不同。情景 2 和情景 3 的仿真结果均低于情景 1，说明工业碳排放量的差异，在 GDP 增长速度不变的情况下，决定了碳排放强度的差异。

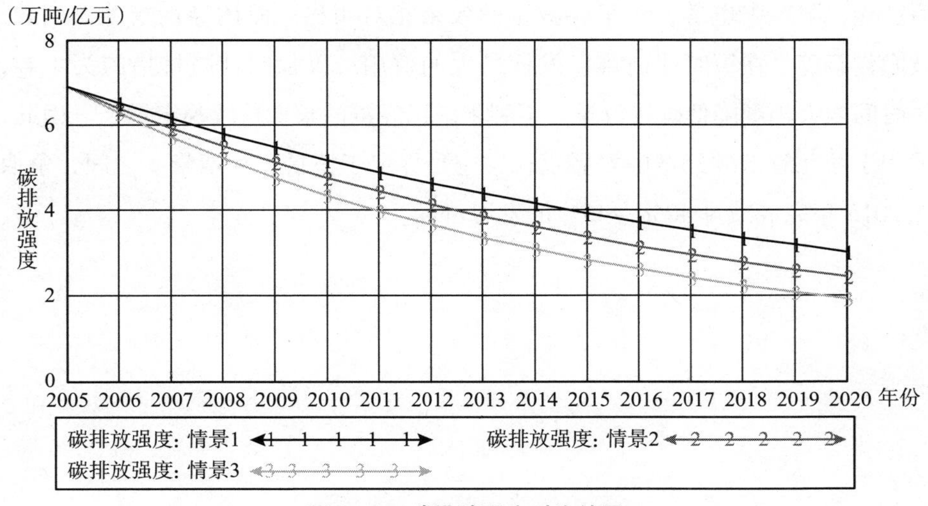

图 8 -3 碳排放强度对比结果

上文以图表形式，直观地对比了 Vensim_PLE 软件的仿真结果。通过三种发展情景的对比结果可以看出，为了实现减排目标，对于河北省工业行业的诸多方面，例如，产业结构、能源结构和科技投入程度，都有更高的要求。

从对比结果可以看出，在三种情景当中，情景 3 的碳排放量模拟结果最低，但是，在河北省发展低碳经济的实践中，情景 3 的设定可能会给节能减排的工作带来一定的压力。以碳排放强度的目标值为例，情景 1 将年均下降速度设定为 3.91%，其依据是中央政府做出的“到 2020 年全国单位 GDP 二氧化碳排放量比 2005 年下降 40% ~45%”的决定，情景 3 在这一基础上，缩短了实现减排目标的时限，加快了减排幅度。这就使得河北省“十二五”末期以及“十三五”期间的减排难度加大，淘汰落后产能的规模将进一步扩大；工业，特别是高耗能行业，是河北省的支柱产业，技术上具有一定的优势，河北省现有的产业结构想要在短时间内彻底改变，难度很大。

碳减排的本质，是经济发展方式的变革，是一种制度的变迁。而制度变迁，则分为强制性和诱导性两种。苏联和中国制度变迁的实践证明，强制性的制度变迁是具有破坏性的，尤其是在变革的早期。因此，碳减排方式的制订，应当既包括强制性措施，也包括诱导性措施。强制性措施主要有淘汰落后产能、限产限电等，对于碳减排的效果相对明显；而诱导性措施，例如，技术创新等，在短时间内难以发挥最大的效用。以强制性减排措施为主导，短时间内大幅度降低碳排放量，不利于国民经济的长期持续稳定增长。因此，适用于河北省低碳经济的发展模式，应当界定于情景 2 和情景 3 之间，争取在 2015 年完成减排 40% ~45% 的发展目标。

第9章　经济转型升级评价指标体系构建及评价方法选择

9.1 经济转型升级内涵

新常态下经济的转型升级就是要告别以往高速、粗放、低端的增长方式，摆脱“速度情结”，从以往依靠资源消耗、廉价劳动力投入的劳动密集型向依靠技术研发、创新带动的技术密集型、知识密集型转变，稳中有进、全面改革促进经济增长质量提高。经济转型升级的重要一步是改变经济增长的驱动力，将创新作为经济增长的新引擎。新常态下转型升级的基础是前期经济发展积累的众多财富，目的是在低污染、低消耗的前提下创造更多的财富，实现社会福利的增加和民生的改善。

9.2 经济转型升级评价指标体系的构建

9.2.1 经济转型升级评价指标体系构建原则

9.2.1.1 系统性原则

经济转型与发展不只是经济系统的运转发生改变，更不是由单一因素决定的，在经济、社会、环境组成的大系统中，多种因素的复合作用促成了经济转型。因此，建立的经济转型升级评价指标体系要能充分反映经济、社会、自然之间相互影响、相互作用的关系，不冗赘、不疏漏，层次分明、系统科学。

9.2.1.2 可比性原则

由于经济转型升级评价指标体系评价的是一个涉及多方面的复杂有机体，

在经济发展的不同阶段具有不同特点，指标内容需要在空间上具有横向可比性，在时间上具有纵向可比性，同时指标的统计口径也需要保持一致，以保证评价结果的价值性。

9. 2. 1. 3 可行性原则

设置的指标应该能够全面反映经济转型的具体情况，充分考虑数据的可获得性，可获取的指标真实可靠且具有充分的经济含义，能够有效地反映出不同时间段之间和不同地区之间经济转型的差异。

9. 2. 1. 4 科学性原则

指标体系应在经济理论的指导下结合河北省经济转型实际情况做出设计，实现理论与实践的有机统一，可以展现出理论对实践的指导也能显现出实践对理论的检验。在设计中全面考虑各个指标的差异和联系，使指标体系能够科学地对经济转型做出反应。

9. 2. 1. 5 动态性原则

经济转型是一个不断发展变化的动态的过程，在这个过程中，每一阶段都有相应的特点。在构建指标体系时要从动态的变化入手，要反映出不同阶段经济转型的趋势，使经济发展由初级向高级、由重速度到重质量的变化得到充分体现。

9. 2. 2 经济转型升级评价指标体系的构成

经济转型升级字面上是经济的发展变化，实质上是经济系统作为中间环节连接自然系统与社会系统，在经济总量扩大的同时优化收入分配、改善环境、实现制度变迁、完善经济社会结构、促进文化繁荣，在自然系统、经济系统、社会系统之间建立一个良性、健康的复合循环系统，通过相互促进实现持续发展。本书从经济、社会、资环环境和发展潜力四个方面入手选取 24

个指标构建经济转型升级评价体系（见表9-1），力求能够翔实地反映经济转型发展情况，对经济转型升级做出合理评价。

表9-1　经济转型升级评价指标体系

一级指标	二级指标	三级指标
经济指标	经济发展质量	GDP总量
		人均GDP
		第三产业增加值占GDP比重
	经济发展推动力	最终消费率
		财政收入占GDP比重
		投资率
社会指标	收入水平	城镇单位在岗职工平均工资
		农村居民人均纯收入
		城镇居民人均总收入
	社会发展	城镇化率
		城镇登记失业率
		人均城市道路面积
资源环境指标	资源	人均水资源量
		能源消耗总量
	环境	废水排放总量
		COD排放量
		SO_2排放量
		工业污染治理完成投资
发展潜力指标	科技活动水平	国内发明专利申请授权量
		R&D占GDP比例
	教育及技术人员投入	地方财政教育支出
		普通高等学校毕业（结业）生数
		高技术产业从业人员年平均数
		高校R&D课题投入人数

9.2.2.1 经济指标

经济指标是经济转型升级评价指标体系的核心指标。经济运行质量反映出经济发展合理性和经济发展的健康程度，经济发展动力反应影响经济发展的主要推动力量和经济持续健康发展的潜在能力。

（1）经济运行质量。

①GDP 总量。该指标反应一定时期内地区经济活动的总体规模。

②人均 GDP 总量。人均 GDP 总量 = GDP/总人口。人均 GDP 总量是客观衡量经济运行状况和居民生活水平的一个重要指标。

③第三产业增加至占 GDP 比重。第三产业增加至占 GDP 比重 = 第三产业增加值/GDP × 100。该指标反映一个地区产业结构优化升级水平，经济越发达，经济结构越合理，第三产业增加值在地区生产总值中所占的比重就越高。发达国家和地区三次产业增加值比重的次序依次为第三产业、第二产业、第一产业。

（2）经济发展推力指标。

①最终消费率。该指标反映一个地区居民消费和社会消费对该地区 GDP 的贡献，反应消费对经济增长的作用程度。

②地方财政一般预算收入占 GDP 比重。地方财政一般预算收入占 GDP 比重 = 地方财政一般预算收入/GDP × 100。财政收入占 GDP 比重是政府财政对 GDP 增长贡献大小的反映。充足的财政收入可以保证政府政策的有效实施，带动经济转型升级，提高经济增长质量。此处选取地方财政一般预算收入作为反映财政收入的指标，主要是因为其更易于横向比较。

③投资率。投资率 = 资本形成总额/GDP。投资率又称资本形成率，该指标越高表示经济发展对投资的依赖性越强。

9.2.2.2 社会指标

社会和谐稳定、人民生活水平提升分别是经济发展的前提和目的，经济发展最终要使人们逐渐增长的物质、文化需要的到满足。社会指标的良性发展既是经济健康发展的追求也是经济发展程度的反映，经济发展水平越高，社会保障制度越健全，城乡间、地区间收入差距越小，人民生活水平越高。

（1）收入水平。

①城镇单位在岗职工平均工资。该指标用于衡量一个地区总体的工资水平，经济发展程度和社会生活水平越高，劳动力成本越大，在岗职工平均工资越高。

②城镇居民人均总收入。该指标是反映居民收入水平的指标之一，包括可支配收入和其他收入，随着社会进步和生活质量的提高，人均收入也在不断增加。

③农村居民人均纯收入。该指标反映了农村居民收入水平。

（2）社会发展。

①城镇化率。城镇化率 = 城镇人口/总人口。城镇化率一方面反映农村人口向城市迁移的过程，另一方面从侧面反映出一个社会生产方式、产业结构的变动。城镇化率越高，一个社会的生产生活方式越先进。

②城镇登记失业率。城镇登记失业率 = 报告期末城镇登记失业人数/（期末城镇从业人员总数 + 期末实有城镇登记失业人数）。城镇登记失业率是就业情况的一个反映，一个社会想要维持稳定健康发展，保持一个合理的低水平的失业率是很必要的，该指标的变化也可以反映出一段时期内经济发展的质量。

③人均城市道路面积。该指标反映城市每人拥有的道路面积，反映一个地区城市发展状况。

9.2.2.3 资源、环境指标

经济的发展离不开资源的开发利用，对于以工业作为经济发展主要推动力量的经济体来说，资源是经济发展过程中不可或缺的要素，经济转型升级既是经济发展的需要也是节约资源的必然要求。资源对经济的支撑能

力是影响经济可持续发展的重要因素，是经济发展的重要物质基础。提到资源，与之紧密相连的就是环境。资源的开采、利用造成生态环境的破坏，使原本平衡的状态被打破，带来大量的环境问题，严重制约经济发展，影响生活质量。

（1）资源。

①人均水资源量。人均水资源量 = 地区水资源总量/地区人口数量。人均水资源量衡量一个地区水资源可利用程度。随着工业化进程加快和人口增加，水资源短缺及污染成为制约经济发展的主要因素。

②能源消耗总量。反映经济增长过程中能源的使用量，包括原煤、原油、天然气和电力等能源的消耗。能源消费总量既与生产规模息息相关也与生产技术联系密切，是衡量经济发展水平的重要指标。

（2）环境。

①废水排放总量。废水排放量包括工业废水排放量和生活污水排放量。河北省作为工业和人口大省，污水排放带来的环境问题成为其经济发展的掣肘。

②COD 排放量。化学需氧量是测量有机和无机物质化学分解消耗氧的质量浓度的水污染指数，化学需氧量越高说明水污染越严重。

③SO_2 排放量。二氧化硫排放量是反映大气污染程度的指标之一，其数值的大小与污染的严重程度呈正比。

④工业污染治理完成投资。工业污染治理完成投资主要包括治理废水、废气和固体废弃物的投资，同时还包括治理噪音项目和其他治理项目的投资，投资额越大越有利于环境的保护和修复。

9.2.2.4 发展潜力

发展潜力决定了经济发展的最终高度，其中最为重要的是科技活动和人员投入。科技作为第一生产力在提高物质生活和精神生活两方面发挥着至关重要的作用，人类社会由农耕到工业化再到信息化的不断进步，每一步的背后都离不开科技的推动。科技是经济发展的直接推动力。此外，人口素质的提高、技术人员的增加使单纯的人口数量变为推动经济增长的人力资本，为经济健康发展和转型升级再添助力。

前期，河北省的经济增长通过需求的拉动获得长足发展，但随着经济发展过程中人们需求的不断变化，供给结构再难适应需求结构的变动，部分行业产能过剩，在相当长的时间内难以消化过剩产能，部分行业产品质量低、附加值低，造成对国外同类产品的大量需求和疯狂购买。从发展潜力的角度来看，技术进步、劳动者素质的提高等供给侧方面的改革正是促进供给与需求相适应、推动经济转型发展的关键。这部分指标既可以看作经济发展的潜力指标也可以理解为供给侧推动经济发展的反映指标。

（1）科技活动水平。

①国内专利申请受权量。该指标反映了一个地区技术创新的积极性和活跃程度。一个地区科技水平的发展状况一方面从对引入技术的改造再创新反映，另一方面从技术的原创性反映。

②R&D 投入占 GDP 比例。研究与发展投入比例 = 研究与发展经费投入额/同期 GDP 总量。R&D 投入包括应用于基础研究的投入、应用于应用研究的投入和应用于试验发展的投入三部分，该指标反映出经济增长的力量之源，是经济增长潜力的重要衡量标准。

（2）教育及技术人员投入。

①地方财政教育支出。新经济增长理论将人力资本投资视为技术进步的源泉，而技术进步恰恰是现今经济增长的基础之一，技术进步不仅体现在高科技设备的发明使用，同时体现在劳动者知识和技能的提高，劳动者素质越高，创造的价值越大。

②普通高等学校毕业（结业）生数。作为生产力中最活跃的因素，人的素质不只决定了生产力的发展程度，也决定了选取什么样的生产力发展方式才能更适合生产关系和社会的发展。人的素质尤其是人的文化素质对经济转型升级的方式方法影响甚大。

③高技术产业从业人员年平均数。高技术产业属于知识技术密集型产业，是反映一个地区尖端技术应用情况的重要指标，高技术从业人员普遍拥有较高的文化水平和技术水平。

④高校 R&D 课题投入人数。该指标反映了高校在应用研究的投入程度。

9.3 经济转型升级评价方法的选择

在对经济转型升级进行评价时，许多学者选择单一评价法，但是单一评价法由于计算方法的差异，在进行评价的过程中容易与实际产生较大的偏差，而组合评价法是将不同的单一评价法有机地结合在一起，从而有效地提高了评价的准确性。

9.3.1 单一评价法的选择及原理

根据权重确定的影响因素，单一评价法可以划分为两类，一类是受主观因素影响较大的主观评价法，包括模糊综合评价法和层次分析法等，另一类是从各指标的具体数据中经过计算得出权数，附权较为客观的客观评价法，包括因子分析法，熵值法，数据包络分析法等。主观评价法与客观评价法各有优劣，主观评价法受人的认知影响较大，科学性相对客观评价法较低，而单一的客观评价法对指标所附的权重不一定能清楚地划分出各指标的重要程度。本书在单一评价方法的选择上选用因子分析法、TOPSIS 法、灰色关联评价法和熵值法进行分析。

9.3.1.1 因子分析法

因子分析法可以看作是主成分分析的扩展，它将具有错综复杂关系的变量综合为少数几个因子，以再现原始变量与因子之间的相互关系，探讨多个能够直接测量并具有一定相关性的实测指标是如何受少数几个内在的独立因子所支配，并在条件许可时借此尝试对变量进行分类。

9.3.1.2 TOPSIS 法

TOPSIS 法是通过计算被评价对象与理想解和负理想解之间的距离从而实现对目标对象的评价的方法。具体步骤如下：

第一步，对评价指标进行趋同化处理，将低优指标通过取倒数的方法转化为高优指标。

低优指标：$X'_{ij}=\frac{1}{X_{ij}}$，$i=1, 2, \cdots, n$；$j=1, 2, \cdots, m$ (9.1)

其中，X_{ij}表示第 i 个评价对象在第 j 个指标上的取值。

第二步，将趋同化后的数据归一化并得到矩阵。

$$a_{ij}=\frac{X_{ij}}{\sqrt{\sum_{i=1}^{n}X_{ij}^2}} \tag{9.2}$$

$$a_{ij}=\frac{X'_{ij}}{\sqrt{\sum_{i=1}^{n}(X'_{ij})^2}}\text{（原低优指标）} \tag{9.3}$$

归一化后所得矩阵为：

$$A=\begin{bmatrix} a_{11} & \cdots & a_{1m} \\ \vdots & \ddots & \vdots \\ a_{n1} & \cdots & a_{nm} \end{bmatrix} \tag{9.4}$$

第三步，根据矩阵 A 确定最优方案和最劣方案。

最优方案 $A=(a_{i1}^+, a_{i2}^+, \cdots, a_{im}^+)$；最劣方案 $A=(a_{i1}^-, a_{i2}^-, \cdots, a_{im}^-)$。

第四步，计算被评价对象的指标值到最优方案和最劣方案的距离。

$$D_i^+=\sqrt{\sum_{j=1}^{m}(a_{ij}^+-a_{ij})^2} \tag{9.5}$$

$$D_i^-=\sqrt{\sum_{j=1}^{m}(a_{ij}^--a_{ij})^2} \tag{9.6}$$

第五步，计算被评价对象与最优方案的接近程度。

$$C_i = \frac{D_i^-}{D_i^+ + D_i^-} \tag{9.7}$$

第六步，根据 C_i 值的大小对被评价对象排序，其值越大，越接近最优方案，其值越小，越接近最劣方案，取值范围在 0 ~ 1 之间。

9.3.1.3 灰色关联评价法

灰色关联评价法是根据不同因素变化发展的趋势的相近程度来进行评价的方法，具体步骤如下：

第一步，选择各指标的最优值构成参考序列 $X_0(k)$，其中，k = 1，2，…，n。

第二步，对比较序列和参考序列中的数据进行标准化处理，去除量纲影响。

方法一：正指标：

$$x'_{ij} = \frac{x_{ij} - \min x_j}{\max x_j - \min x_j} \tag{9.8}$$

负指标：

$$x'_{ij} = \frac{\max x_j - x_{ij}}{\max x_j - \min x_j} \tag{9.9}$$

方法二：

$$x'_{ij} = \frac{x_{ij} - \bar{x}_j}{S_j} \tag{9.10}$$

其中，

$$\bar{x}_j = \frac{1}{n}\sum_{i=1}^{n} x_i \tag{9.11}$$

$$S_j = \sqrt{\frac{1}{n-1}\sum_{i=1}^{n}(x_{ij} - \bar{x}_j)^2} \tag{9.12}$$

x'_{ij} 表示标准后的值。

第三步，求比较序列与参考序列之间的灰色关联系数。

$$\delta_{ij}(k) = \frac{\min_i \min_k \Delta_i(k) + Y\max_i \max_k \Delta_i(k)}{\Delta_i(k) + Y\max_i \max_k \Delta_i(k)} \tag{9.13}$$

其中，指标 k 的绝对差为 $\Delta_i(k) = |X_0(k) - X_i(k)|$，分辨系数 Y 在 0 ~ 1 取值，越接近 1 分辨能力越差，越接近 0 分辨能力越强，本书取 0.5。

第四步，确定指标权重。对原始数据规范化处理后，计算指标的变异系数并进行归一化处理。

$$E_i = \frac{\sqrt{\frac{1}{M-1}}}{\frac{1}{M}\sum_{i=1}^{M} X'_{ij} \sum_{i=1}^{M}(k_{ij} - \bar{k}_{ij})}, \ j = 1, 2, \cdots, n \tag{9.14}$$

其中，M 代表评价对象个数，N 代表评价指标个数。

$$\omega_j = \frac{E_j}{\sum_{j=1}^{n} E_j}, \ j = 1, 2, \cdots, n \tag{9.15}$$

第五步，计算加权灰色关联度并进行排序。

$$R_i = \sum_{k=1}^{n} \omega_k \delta_{ij}(k), \ k = 1, 2, \cdots, n \tag{9.16}$$

该值越大，被评价对象状况越好。

9.3.1.4 熵值法

德国物理学家通过熵来表示能量在空间中分布的均匀程度。在系统论中，熵值的大小反映了系统的有序程度，随着熵值降低，所携带的信息量也会逐步降低，系统则实现从无序向有序的过渡。在评价方法中，熵值法通过计算信息熵来确定指标权重而不受人的主观认识的影响，是客观赋权法的一种。由于熵值与其携带的信息量成正比，因此熵值越大指标的权重越小。熵值法具体计算步骤如下：

第一步，在对 n 个指标、m 个样本进行评价时，应构建公式（9.17）的初始矩阵。

$$X = \begin{bmatrix} x_{11} & \cdots & x_{1n} \\ \vdots & \ddots & \vdots \\ x_{m1} & \cdots & x_{mn} \end{bmatrix} \tag{9.17}$$

其中，x_{ij}表示第 i 个样本中的第 j 项评价指标值。

第二步，对数据进行标准化处理。

首先，数据的标准化处理可以消除各个指标在量纲和数量级上的差异，提高评价结果的准确性。数据标准化的处理方法有两种。

方法一：正指标：
$$x'_{ij} = \frac{x_{ij} - \min x_j}{\max x_j - \min x_j} \tag{9.18}$$

负指标：
$$x'_{ij} = \frac{\max x_j - x_{ij}}{\max x_j - \min x_j} \tag{9.19}$$

方法二：
$$x'_{ij} = \frac{x_{ij} - \bar{x}_j}{S_j} \tag{9.20}$$

其中，
$$\bar{x}_j = \frac{1}{n}\sum_{i=1}^{n} x_i \tag{9.21}$$

$$S_j = \sqrt{\frac{1}{n-1}\sum_{i=1}^{n}(x_{ij} - \bar{x}_j)^2} \tag{9.22}$$

x'_{ij}表示标准后的值。

其次，计算第 j 项指标下第 i 个样品值的比重 y_{ij}，并得到数据比重矩阵 $Y = \{y_{ij}\}_{m \times n}$。

$$y_{ij} = \frac{x'_{ij}}{\sum_{i=1}^{m} x'_{ij}} (0 \leqslant y_{ij} \leqslant 1) \tag{9.23}$$

第三步，计算信息熵值和信息效用值。

首先，计算第 j 项指标的信息熵值。

$$e_j = -K\sum_{i=1}^{m} y_{ij} \ln y_{ij}, \ j = 1, 2, \cdots, n \tag{9.24}$$

其中，K 为玻尔兹曼常数，$K = \frac{1}{\ln m}$。

其次，利用指标的信息熵 e_j 与 1 的差来计算指标的信息效用值及权重。

信息效用值：
$$d_j = 1 - e_j, \ j = 1, 2, \cdots, n \tag{9.25}$$

第 j 项指标的权重：
$$w_j = \frac{d_j}{\sum_{i=1}^{m} d_j}, \ j = 1, 2, \cdots, n \tag{9.26}$$

第四步，计算综合得分。

$$F_i = \sum_{j=1}^{n} w_j y_{ij} , \ i=1, 2, \cdots, m \tag{9.27}$$

熵值法通过信息价值系数得出指标权重并分析指标对评价结果的贡献程度。

9.3.2 组合评价法的选择及原理

为了克服单一评价法在实际应用中评价的片面性和准确性低的问题，组合评价法应运而生。组合评价法在单一评价法的基础上，通过对两个或几个单一评价法结果进行附权计算或组合排序等处理得到更为可靠、全面的评价结果。在进行组合评价前，要对不同的评价方法进行事前检验，确保评价结果总体上保持一致，一般选取肯达尔一致性系数法。在进行完组合评价后，还需对评价结果进行事后检验，一般采取斯皮尔曼等级相关系数法。

根据处理方法的不同，组合评价法主要可以分为三类。第一类，在组合评价过程中，通过数学模型确定组合权重并对评价对象的指标进行附权；第二类，对不同的单一评价法的所得结果进行排序，包括算数平均组合法、Board 法及 Copeland 法；第三类，对单一评价法的所得结果进行组合得到最终评价结果，包括算数平均组合法、模糊 Board 法等。本书选取算数平均组合法和 Copeland 法进行综合评价。

9.3.2.1 算数平均组合法

假设组合评价方案存在 m 个被评价对象和 n 种单一评价法，令 x_{ij}表示第 j 种评价方法下第 i 个评价对象的得分（i=1，2，…，m；j=1，2，…，n），则第 i 个评价对象的综合得分为 x_{ij}，根据综合得分确定最终排序。

$$x_{ij} = \frac{1}{n} \sum_{j=1}^{n} x_{ij} \tag{9.28}$$

9.3.2.2 Copeland 法

Copeland 法将比较结果按“优”“相等”和“劣”三种情形进行区分，在某一评价方法中，若被评价对象 i 排名在被评价对象 j 之前的个数大于被评价对象 j 排名在被评价对象 i 之前的个数，则记为 x_iSx_j。Copeland 矩阵定义为 $C = \{C_{ij}\}_{m \times m}$。

$$C_{ij} = \begin{cases} 1, & x_iSx_j \text{ 存在} \\ -1, & x_jSx_i \text{ 存在} \\ 0, & \text{其他情况} \end{cases} \tag{9.29}$$

根据 $C_i = \sum_{j=1}^{m} C_{ij}$ 确定被评价对象 i 的得分并进行排序，若 $C_i = C_j$，则比较二者的标准差，标准差小的排序靠前。

第10章 基于组合评价法的经济转型升级评价

本章运用组合评价法对 2004 ~ 2013 年河北省经济转型升级水平及 2013 年全国经济转型升级水平进行评价，通过横向和纵向的对比立体分析河北省经济转型升级的现状。数据来源于中国经济与社会发展统计数据库及国家统计局官网及各省市统计年鉴。

10.1 河北省经济转型升级水平评价结果及分析

10.1.1 单一评价法的结果分析

由于因子分析不适合对时间序列进行分析，因此本部分选取的单一评价方法为熵值法、TOPSIS 法和灰色关联评价法。

10.1.1.1 熵值法评价结果及分析

通过计算得到 24 个指标的权重，具体结果见表 10 - 1。在 24 个指标中，权重在 0.05 以上的指标共有 5 个，主要集中在资源环境指标和发展潜力指标中，分别是 COD 排放量、工业污染治理完成投资、国内专利申请受权量、地方财政教育支出和高技术产业从业人员年平均数；权重在 0.04 ~ 0.05 之间的指标共有 9 个，分别是 GDP 总量、人均 GDP、财政收入占 GDP 比重、城镇单位在岗职工平均工资、农村居民人均纯收入、城镇居民人均总收入、城镇登记失业率、人均城市道路面积和能源消耗总量；权重在 0.03 ~ 0.04 之间的指标共有 5 个，多为资源环境指标；其余 5 个指标权重在 0.02 ~ 0.03 之间，以经济指标和社会指标居多。

从单个指标上看，科技、教育、环境、高技术产业的影响较大，这也与经济发展的趋势相符，经历过经济高速发展后，通过科教带动经济增长实现质的转变，改善生活环境是大势所趋。GDP 增速所占的权重仅为 2.8%，盲目追求高速度的时代已经渐行渐远，追求高质量的呼声越来越高，未来的经济增长将在供给侧改革的过程中寻找并维持在一个合理的速度上。

表 10－1　熵值法下经济转型升级评价权重

一级指标	二级指标	三级指标	各属性权重
经济指标	经济发展质量	GDP 总量	0.0416
		人均 GDP	0.0400
		第三产业增加值占 GDP 比重	0.0353
	经济发展推动力	最终消费率	0.0207
		财政收入占 GDP 比重	0.0412
经济指标	经济发展推动力	投资率	0.0274
社会指标	收入水平	城镇单位在岗职工平均工资	0.0466
		农村居民人均纯收入	0.0473
		城镇居民人均总收入	0.0466
	社会发展	城镇化率	0.0226
		城镇登记失业率	0.0445
		人均城市道路面积	0.0447
资源环境指标	资源	人均水资源量	0.0389
		能源消耗总量	0.0441
	环境	废水排放总量	0.0357
		COD 排放量	0.0573
		SO_2 排放量	0.0359
		工业污染治理完成投资	0.0572
发展潜力指标	科技活动水平	国内发明专利申请授权量	0.0733
		R&D 占 GDP 比例	0.0332
	教育及技术人员投入	地方财政教育支出	0.0545
		普通高等学校毕业（结业）生数	0.0260
		高技术产业从业人员年平均数	0.0573
		高校 R&D 课题投入人数	0.0285

表 10－2 给出了一级指标在转型升级过程中所占的权重。在转型升级的过程中起到决定性作用的是发展潜力指标，权重占到 27.27%，科学、技术和教育是推动经济转型的主要力量，随着供给侧改革的深入，科技、教育、劳动者素质在经济发展中的作用将进一步深化。资源环境指标所占的权重为 26.90%，以大量资源投入和牺牲环境为代价换来的发展终将受到资源环境的制约。经济指标和社会指标的权重分别为 20.61% 和 25.21%，在转型升级的进程中，经济增长速度不再是主要角色，它受科技的推动、资源环境的制约，供给侧中的科技和劳动力因素成为转型的关键，它们是提高经济增长质量的催化剂，转型升级最终的目的是形成合理的发展方式，增加社会福利、改善生存生活环境，整个转型过程都将围绕社会的最终进步展开。

表 10－2　　　　熵值法下一级指标权重结果

指标	经济指标	社会指标	资源环境指标	发展潜力
权重	0.2061	0.2521	0.2690	0.2727

从表 10－3 可以看出，近年来河北省经济转型升级取得一定成效，经济发展方式和质量逐渐向好的方向发展。2007 年党的十七大召开，提出了三个转变，即：需求结构上，促进经济增长由主要依靠投资、出口拉动向依靠消费、投资、出口协调拉动转变；在产业结构上，促进经济增长由主要依靠第二产业带动向依靠第一、第二、第三产业协同带动转变；在要素投入上，促进经济增长由主要依靠增加物质资源消耗向主要依靠科技进步、劳动者素质提高、管理创新转变。这三个转变也是这一阶段经济发展方式转变的主线，正是在这种背景下，河北省经济转型升级获得长足发展。党的十七大后，经济发展方向由转变经济增长方式向转变经济发展方式转换，河北省继续加快提高经济发展的质量和经济转型的速度，力求保持增长速度和资源环境的平衡，但面临的压力也越来越大，转型升级的速度较以往有所下降。如今，新常态下经济转型升级成为热点和重点，相关政策措施不断完善，在京津冀一

体化和“一带一路”的东风下，河北省将迎来经济发展的又一次机遇。未来的转型将会引导经济发展的推动力量由需求侧向供给侧转变，实现供给与需求在总量和结构上的平衡，促进经济长期可持续发展。

表 10－3　　基于熵值法的河北省经济转型升级得分

年份	得分	年份	得分
2004	0.1483	2009	0.4675
2005	0.2085	2010	0.5372
2006	0.2527	2011	0.6424
2007	0.3178	2012	0.7907
2008	0.3781	2013	0.8859

10.1.1.2　TOPSIS 法评价结果及分析

表 10－4 中反映了近年河北省转型升级过程中与最优水平和最劣水平的距离，D_i^+ 值逐年降低表明在转型升级过程中，河北省正逐渐靠近理想水平，随着 D_i^- 值的逐渐加大，河北省与负理想水平的距离越来越远，转型升级形势越来越好，相应的 C_i 值逐渐向 1 靠近。虽然 2013 年河北省 C_i 值为较高的 0.8030，但这并不说明河北省转型升级情况非常乐观，表 9－4 中数据仅是对今年发展情况的一个纵向比较，仅说明近年来河北省转型升级水平取得一定提升，若在全国范围内进行比较会发现河北省转型升级水平与其他省市相比仍存在较大差距。

表 10－4　　TOPSIS 法评价结果

年份	D_i^+	D_i^-	C_i
2004	1.0520	0.2551	0.1951
2005	0.9438	0.2811	0.2295
2006	0.9321	0.2679	0.2233

续表

年份	D_i^+	D_i^-	C_i
2007	0.8487	0.3056	0.2647
2008	0.7773	0.3799	0.3283
2009	0.7748	0.4240	0.3537
2010	0.7156	0.5346	0.4276
2011	0.5278	0.6772	0.5620
2012	0.4336	0.8767	0.6691
2013	0.2596	1.0586	0.8030

10.1.1.3 基于灰色关联分析法的河北省转型升级结果

在进行灰色关联评价中，运用变异系数法求得的各指标权重如表 10－5 所示，其中，国内发明专利申请受理量、地方财政教育支出、农村居民最低生活保障人数、高技术产业产出出口交货值、工业污染治理完成投资、技术市场成交额、城镇单位在岗职工平均工资、人均 GDP 总量所占权重较大，在 0.05 以上，这些指标中，大部分来自科技指标，说明科技对转型升级具有较大的影响力。

表 10－5　灰色关联评价法下经济转型升级评价权重

一级指标	二级指标	三级指标	各属性权重
经济指标	经济发展质量	GDP 总量	0.0636
		人均 GDP	0.0583
		第三产业增加值占 GDP 比重	0.0054
	经济发展推动力	最终消费率	0.0061
		财政收入占 GDP 比重	0.0357
		投资率	0.0193

续表

一级指标	二级指标	三级指标	各属性权重
社会指标	收入水平	城镇单位在岗职工平均工资	0.0175
		农村居民人均纯收入	0.0238
		城镇居民人均总收入	0.0175
	社会发展	城镇化率	0.0234
		城镇登记失业率	0.0057
		人均城市道路面积	0.0350
资源环境指标	资源	人均水资源量	0.0433
		能源消耗总量	0.0373
	环境	废水排放总量	0.0319
		COD排放量	0.0389
		SO_2 排放量	0.0159
		工业污染治理完成投资	0.1037
发展潜力指标	科技活动水平	国内发明专利申请授权量	0.1258
		R&D占GDP比例	0.0403
	教育及技术人员投入	地方财政教育支出	0.1198
		普通高等学校毕业（结业）生数	0.0489
		高技术产业从业人员年平均数	0.0489
		高校R&D课题投入人数	0.0339

从表10－6可以看出，在灰色关联评价法中，科技指标的权重大于资源环境指标大于经济指标大于社会指标。与熵值法所确定权重不同的是科技指标占有较大权重为0.4177，是其他指标所占权重的两倍以上，这充分说明了科技在转型升级中的重要性。

表10－6　灰色关联评价法下一级指标权重结果

指标	经济指标	社会指标	资源环境指标	科技指标
权重	0.1884	0.1229	0.2710	0.4177

表 10－7 中是基于灰色关联分析法计算的河北省转型升级评级得分结果，得分的大小趋势反映了近年河北省经济转型升级的速度和趋势，逐年增加的得分代表河北省经济发展的可持续性正在逐渐加强，经济在不断向好的方向转型。

表 10－7　　灰色关联评价法下河北省经济转型升级得分

年份	得分	年份	得分
2004	0. 3935	2009	0. 4796
2005	0. 4025	2010	0. 5288
2006	0. 4102	2011	0. 6090
2007	0. 4237	2012	0. 7636
2008	0. 4529	2013	0. 9173

10. 1. 2　组合评价法的结果分析

由于三种单一评价结果对 2004～2013 年经济转型升级的评价在趋势上基本一致，仅 TOPSIS 法中 2006 年转型升级得分出现小幅下降，另外，由于计算方法不同而存在得分上的差异，因此可以认为三种单一评价方法具有较强的一致性和相关性，在此基础上进行的组合评价结果有效。表 10－8 中对三种单一评价方法和基于算数平均值法的组合评价得分进行了汇总，基于灰色关联评价的得分总体上大于基于 TOPSIS 法的得分和熵值法计算的得分，算数平均值法的得分是以三种单一评价方法为基础计算的，更具有合理性。得分数上由于计算方法的不同具体得分不同，但转型升级的趋势是一致的，都呈现递增的趋势，都在向更好的方向发展。

表 10－8　　2004～2013 年河北省转型升级综合评价得分

年份	熵值法得分	TOPSIS 法得分	灰色关联得分	算数平均值法
2004	0. 1483	0. 1951	0. 3935	0. 2456
2005	0. 2085	0. 2295	0. 4025	0. 2802
2006	0. 2527	0. 2233	0. 4102	0. 2954
2007	0. 3178	0. 2647	0. 4237	0. 3354
2008	0. 3781	0. 3283	0. 4529	0. 3864
2009	0. 4675	0. 3537	0. 4796	0. 4336
2010	0. 5372	0. 4276	0. 5288	0. 4979
2011	0. 6424	0. 562	0. 6090	0. 6045
2012	0. 7907	0. 6691	0. 7636	0. 7411
2013	0. 8859	0. 803	0. 9173	0. 8687

10. 2　河北省与其他省市经济转型升级水平的对比分析

10. 2. 1　单一评价法的结果及分析

本部分选取因子分析法、TOPSIS 法和灰色关联评价法进行单一评价。

10. 2. 1. 1　因子分析法评价结果及分析

本节运用 SPSS17. 0 通过因子分析法将河北省与全国 28 个省（由于新疆和西藏部分数据缺失，因此不再对其进行分析）进行横向比较后发现，虽然河北省经济逐步向好的方向发展，但与全国其他省份相比仍存在较大差距。

在进行因子分析之前，需要先将城镇登记失业率、能源消费总量、废水排放量、化学需氧量排放量和二氧化硫排放量取负数，使逆指标转换为正指标，并运用KMO and Bartlett's检验判断案例是否适合进行因子分析，具体结果见表10-9。

表10-9 **KMO and Bartlett's检验**

取样足够度的Kaiser-Meyer-Olkin度量		0.627
Bartlett的球形度检验	近似卡方	991.973
	df	276
	Sig.	0.000

KMO值主要用来检验变量之间的偏相关性，当KMO值在0.5以下时，不适合进行因子分析。此处KMO值为0.627，可以进行因子分析，具体综合得分结果见表10-10。在29个省的综合得分排行中，位于前3位的分别是广东省、北京市和江苏省，河北省排在29个省的第24位。综合得分的结果显示河北省经济转型升级面临极大的压力，与全国其他地区尤其是发达地区的差距明显，仅略强于贵州省、甘肃省、山西省、宁夏回族自治区、内蒙古自治区，转型升级迫在眉睫。

表10-10 **全国29个省经济转型升级综合得分排名**

省份	FAC1_1	FAC2_1	FAC3_1	FAC4_1	FAC5_1	综合得分	排序
北京市	2.6542	-0.4827	1.5531	-0.8153	2.1097	1.0587	2
天津市	2.0489	-1.2390	-1.3810	0.4786	-0.7478	0.0914	7
河北省	**-0.5086**	**0.2642**	**-0.7525**	**-1.3598**	**-0.7254**	**-0.3715**	**24**
山西省	-0.5018	-0.7858	-0.4676	-1.5680	0.9174	-0.5803	27
内蒙古自治区	0.0705	-0.9431	-2.3052	-0.2135	-0.2006	-0.6394	29
辽宁省	0.3750	-0.0054	-0.0978	-0.6971	-1.0551	-0.0345	12
吉林省	-0.0105	-0.4144	0.0025	0.6581	-1.4619	-0.2029	19
黑龙江省	-0.3730	0.1270	1.0911	0.3076	-1.5921	-0.0433	13

续表

省份	FAC1_1	FAC2_1	FAC3_1	FAC4_1	FAC5_1	综合得分	排序
上海市	2. 6463	-0. 3605	1. 8465	-0. 3262	-0. 9192	0. 9372	4
江苏省	0. 8113	2. 0988	-1. 3847	0. 4674	0. 9434	0. 9454	3
浙江省	1. 0085	0. 8003	-1. 0547	0. 5331	0. 6236	0. 5902	5
安徽省	-0. 4988	0. 1236	0. 0647	-0. 4023	0. 2590	-0. 1398	15
福建省	0. 4694	-0. 1312	-0. 6219	0. 8122	-0. 9268	0. 0382	8
江西省	-0. 6502	-0. 0264	0. 4689	0. 3029	-0. 0289	-0. 1486	17
山东省	-0. 0315	1. 2430	-1. 8806	-1. 6998	0. 2069	0. 0281	9
河南省	-1. 0085	0. 8581	0. 0601	-0. 9511	-0. 1231	-0. 1476	16
湖北省	-0. 1656	0. 3620	0. 1968	-0. 2446	-0. 8908	-0. 0023	11
湖南省	-0. 4086	0. 5179	0. 6856	-0. 0070	-1. 4756	0. 0057	10
广东省	0. 1840	3. 2284	0. 6944	1. 3916	1. 0443	1. 4836	1
广西壮族自治区	-0. 7850	-0. 0020	0. 3596	0. 7460	-0. 0606	-0. 1626	18
海南省	-0. 3744	-1. 0538	-0. 3518	1. 4940	1. 8178	-0. 2530	20
重庆市	0. 0272	-0. 5379	0. 6273	-0. 0339	-0. 0979	-0. 1047	14
四川省	-0. 5974	0. 8208	1. 1013	-0. 1593	-1. 0595	0. 1182	6
贵州省	-1. 0170	-0. 6972	1. 0409	-0. 8275	1. 0886	-0. 4483	25
云南省	-1. 0083	-0. 3575	0. 9925	0. 0362	0. 4468	-0. 3055	22
陕西省	-0. 2490	-0. 4187	-0. 3541	-0. 6557	0. 0149	-0. 3381	23
甘肃省	-1. 1793	-0. 6576	0. 6570	-0. 5435	1. 6650	-0. 4685	26
青海省	-0. 6845	-0. 8972	-0. 3564	3. 1928	0. 1566	-0. 2831	21
宁夏回族自治区	-0. 2434	-1. 4336	-0. 4341	0. 0840	0. 0715	-0. 6226	28

在因子的分析过程中，共提取了五个主因子，方差贡献率依次为 30. 312%、29. 927%、11. 393%、8. 138%、7. 028%，五个主因子的累积方差贡献率为 86. 798%。

表 10 - 11 给出了转换后的成分矩阵，从中可以看出每个因子中影响较大的指标。

表 10-11　　　　转换成分矩阵

项目	成分				
	1	2	3	4	5
GDP 总量	0.886	-0.424	-0.073	0.131	-0.005
第三产业增加值占 GDP 比重	0.439	0.805	-0.154	-0.096	0.182
人均 GDP	0.672	0.514	0.483	0.142	-0.021
最终消费率	-0.135	0.446	-0.712	-0.198	0.135
财政收入占 GDP 比重	0.102	0.849	-0.092	-0.129	0.196
投资率	-0.713	-0.106	0.282	0.304	0.146
城镇居民人均可支配收入	0.776	0.527	0.157	0.085	-0.005
农村人均纯收入	0.745	0.544	0.260	0.072	-0.137
人均城市道路面积	0.134	-0.555	0.418	0.248	0.388
城镇在岗职工平均工资	0.486	0.820	0.114	-0.036	0.029
城镇化率	0.622	0.647	0.333	0.099	-0.137
城镇登记失业率	0.292	0.311	-0.338	0.139	0.659
人均水资源量	-0.540	0.006	-0.171	0.652	-0.123
能源消耗总量	-0.661	0.654	-0.111	0.144	-0.039
废水排放总量	-0.802	0.459	0.272	-0.189	0.080
COD 排放量	-0.491	0.748	0.093	0.074	0.274
SO_2 排放量	-0.237	0.736	-0.151	0.398	-0.249
工业污染治理完成投资	0.430	-0.659	0.334	-0.119	0.367
R&D 占 GDP 比例	0.713	0.588	0.038	-0.150	0.034
地方财政教育支出	0.820	-0.456	-0.270	-0.004	-0.019
普通高等学校毕业（结业）生数	0.694	-0.623	-0.117	-0.114	-0.092
高技术产业从业人员平均数	0.736	-0.205	-0.337	0.392	0.006
国内发明专利申请授权量	0.813	-0.115	-0.129	0.363	0.132
高校 R&D 人数	0.828	0.246	-0.080	-0.146	-0.233

第一个主因子中载荷较大的指标有第三产业增加值占 GDP 比重、人均 GDP、最终消费率、财政收入占 GDP 比重、城乡居民人均总收入、农村居民

人均纯收入、城镇在岗职工平均工资、城镇化率、R&D 占 GDP 比例和高校 R&D 课题投入人数，其中多为经济指标和社会指标。对第一个主因子进行排名后发现河北省排名处于全国的下游水平，排在第 21 位，仍需再接再厉调整产业结构，提升经济发展质量，改善居民生活水平。经济转型的一个重要目标就是提高社会福利，良好的社会环境也有利于经济社会的健康发展。

第二个主因子中以 GDP 总量、投资率、能源消耗总量、废水排放总量、COD 排放量、地方财政教育支出、普通高等学校毕业结业生数、普通高等学校毕业结业生数、高技术产业从业人员平均数和国内专利申请授权量的载荷较大，多为资源环境指标和发展潜力指标。河北省在该项指标中的排名处于中上游水平，说明河北省经济转型虽然存在广阔的空间，但供给方面的积极引导必不可少。

第三个主因子中存在较大载荷的是最终消费率、人均城市道路面积和工业污染治理完成投资。河北省在该主因子的排名仅为第 24 位，加快经济发展动力转变、加强城市建设、改善环境质量是经济转型的关键点。

第四个主因子的主要载荷因子是人均水资源量和二氧化硫排放量，在该主因子的排名中河北省仅列第 27 位，资源状况和环境污染对河北经济转型有较大的制约作用。虽然经济增长是经济社会发展不变的主题之一，但以牺牲资源环境为代价的快速发展并不持久，更应注重的是经济发展的质量。目前河北省面临转型和发展的双重压力，如何处理好增长速度和增长质量的关系将影响到转型的成败。

第五个主因子以城镇登记失业率为主要载荷因子，同样是以社会指标为主，城镇登记失业率更能反映出经济增长对社会发展的贡献。河北省在该主因子中的排名处于中游水平，就业的增加、社会环境的改善将成为经济转型的一大助力。

10.2.1.2 TOPSIS 法评价结果及分析

运用 TOPSIS 法对中国 29 个省转型升级评价，结果见表 10－12。海南省、广东省、江苏省位于观测的29个省中的前三名，海南省排名靠前与其良好的环境关系紧密。从最后得分看，C_i 值普遍较低，最高也仅为0.4459，说明在全国范围看，各省份转型升级水平与理想水平仍存在较大差距，转型升级能力仍有较大的提升空间。通过TOPSIS法计算的河北省转型升级得分在29个省的排名中高于因子分析法的排名，河北省位于第17位，但 C_i 值仅为0.1980，接近于负理想水平，河北省转型升级水平不仅落后于全国水平，而且从自身发展情况来看，河北省发展受制于资源环境的状况虽有好转但仍存在大量问题。

表10-12　　基于TOPSIS法的全国转型升级评价得分

省份	C_i（得分）	排名	省份	C_i（得分）	排名
北京市	0.3979	5	河南省	0.2234	11
天津市	0.2658	9	湖北省	0.2017	15
河北省	**0.1980**	**17**	湖南省	0.1874	20
山西省	0.1742	23	广东省	0.4226	2
内蒙古自治区	0.2142	12	广西壮族自治区	0.1784	22
辽宁省	0.1966	18	海南省	0.4459	1
吉林省	0.1599	27	重庆市	0.1549	28
黑龙江省	0.1808	21	四川省	0.2131	13
上海市	0.3004	8	贵州省	0.1517	29
江苏省	0.4136	3	云南省	0.1690	25
浙江省	0.3246	6	陕西省	0.1959	19
安徽省	0.2032	14	甘肃省	0.1613	26
福建省	0.1996	16	青海省	0.4017	4
江西省	0.1691	24	宁夏回族自治区	0.2272	10
山东省	0.3218	7			

10.2.1.3 灰色关联分析法评价结果及分析

表 10－13 反映了根据灰色关联法进行的排名，河北省综合得分较低，排名末位，从经济、社会、资源环境和发展潜力来看，河北省分别排在第 20 位、第 13 位、第 26 位和第 13 位。虽然一级指标排名均在 29 位以上，但是从结果上可以看出河北省缺乏带动经济转型升级的核心优势。对比京津冀地区的其他两个市（北京市和天津市），可以发现河北省与其存在较大差距，尤其是在资源环境上，由于对重工业的深度依赖，资源环境问题一直困扰着河北省经济转型升级，资源环境问题一方面制约着河北省生产生活环境的改善，另一方面限制着产业制结构的调整和优化，是转型升级中急需解决的问题。在发展潜力上，虽然在京津冀地区仍处于落后状态，但发展潜力较高于天津市，这与河北省加大教育力度，增加科研投入，促进产学研用相结合密不可分。在发展潜力指标上实现对天津市的超越主要是因为人口基数大、普通高校毕业生人数多且地方财政教育支出大，并不意味着存在较大的人口红利，因而这种优势是短暂不可持续的。在其他指标上，河北省仍落后于北京市、天津市，河北省仍需加强社会建设，改善居民生活状况，提高居民生活水平。

表 10－13　　灰色关联分析法下全国转型升级得分及排名

省份	经济指标	社会指标	资源环境指标	发展潜力	综合得分	排名
北京市	0.0978	0.0932	0.2039	0.2218	0.6168	1
天津市	0.0819	0.0693	0.2020	0.1595	0.5126	7
河北省	**0.0601**	**0.0498**	**0.1418**	**0.1641**	**0.4158**	**29**
山西省	0.0607	0.0471	0.1729	0.1512	0.4319	24
内蒙古自治区	0.0664	0.0530	0.1763	0.1452	0.4408	16
辽宁省	0.0662	0.0509	0.1468	0.1641	0.4280	27
吉林省	0.0575	0.0478	0.1821	0.1521	0.4394	18

续表

省份	经济指标	社会指标	资源环境指标	发展潜力	综合得分	排名
黑龙江省	0.0596	0.0466	0.1698	0.1569	0.4329	23
上海市	0.0894	0.0915	0.1858	0.1786	0.5453	4
江苏省	0.0925	0.0659	0.1413	0.3034	0.6032	2
浙江省	0.0714	0.0666	0.1641	0.2138	0.5159	6
安徽省	0.0592	0.0511	0.1682	0.1674	0.4460	13
福建省	0.0614	0.0525	0.1800	0.1581	0.4520	11
江西省	0.0568	0.0482	0.1767	0.1548	0.4365	19
山东省	0.0808	0.0625	0.1494	0.2103	0.5030	8
河南省	0.0634	0.0458	0.1375	0.1851	0.4317	25
湖北省	0.0600	0.0490	0.1543	0.1728	0.4361	20
湖南省	0.0594	0.0460	0.1531	0.1663	0.4249	28
广东省	0.0943	0.0577	0.1278	0.3165	0.5963	3
广西壮族自治区	0.0579	0.0469	0.1781	0.1525	0.4354	21
海南省	0.0620	0.0535	0.2399	0.1397	0.4950	9
重庆市	0.0603	0.0482	0.1833	0.1527	0.4444	14
四川省	0.0605	0.0456	0.1487	0.1764	0.4312	26
贵州省	0.0617	0.0432	0.1841	0.1456	0.4346	22
云南省	0.0665	0.0438	0.1820	0.1484	0.4407	17
陕西省	0.0591	0.0474	0.1798	0.1631	0.4493	12
甘肃省	0.0576	0.0466	0.1934	0.1451	0.4427	15
青海省	0.0670	0.0450	0.2755	0.1388	0.5263	5
宁夏回族自治区	0.0611	0.0493	0.2080	0.1396	0.4580	10

10.2.2 组合评价法的结果及分析

在进行组合评价前需进行事前检验以确定单一评价方法的一致性。运用肯达尔协同系数对三种评价方法的排名进行检验，Kendall's W 统计量为 0.676，

P 值为 0.001，说明因子分析法、TOPSIS 法和灰色关联评价法产生的评价结果是具有一致性的，具体结果见表 10－14。

表 10－14　　Kendall 协同系数检验

样本的观测数目	3
Kendall's W 统计量	0.676
Chi－Square 统计量	56.754
自由度	28
检验的近似显著性 P 值	0.001

本部分选取 Copeland 法进行组合评价。从表 10－15 可以看出，在全国范围上，TOPSIS 法进行的排名和灰色关联评价法进行的排名在结果上更具有一致性，就河北省而言，这两种单一评价结果虽不完全一致但差别不大。河北省在因子分析法中的排名为第 24 位，在 TOPSIS 法中的排名为第 17 位，在灰色关联评价中排名第 29 位，为得到更为可靠的结果，对三种单一评价方法进行组合评价，综合三种评价方法后，河北省最终排在第 27 位。这说明虽然近年来河北省经济不断在转型升级的道路上前进，但由于起点落后、转型缓慢，河北省经济的发展的可持续性和科学性仍需重视，应加快速度缩小与全国其他地区的差距。

表 10－15　　组合评价法下全国经济转型升级排名

	因子分析排名	TOPSIS 法排名	灰色关联评价排名	综合评价排名
北京市	2	5	1	2
天津市	7	9	7	7
河北省	24	17	29	27
山西省	27	23	24	29
内蒙古自治区	29	12	16	18

续表

	因子分析排名	TOPSIS 法排名	灰色关联评价排名	综合评价排名
辽宁省	12	18	27	17
吉林省	19	27	18	26
黑龙江省	13	21	23	19
上海市	4	8	4	4
江苏省	3	3	2	3
浙江省	5	6	6	5
安徽省	15	14	13	12
福建省	8	16	11	11
江西省	17	24	19	22
山东省	9	7	8	8
河南省	16	11	25	15
湖北省	11	15	20	14
湖南省	10	20	28	21

运用斯皮尔曼相关系数对评价结果进行事后检验，结果见表 10－16。三种单一的评价方法间以及和 Copeland 评价方法间的相关性都较强，评价结果有效。

表 10－16　　斯皮尔曼相关系数（Spearman's rho）

	灰色预测法	因子分析法	TOPSIS 法	Copeland 法
灰色预测法	1.000	0.402*	0.651**	0.797**
因子分析法	0.402*	1.000	0.487**	0.689**
TOPSIS 法	0.651**	0.487**	1.000	0.900**
Copeland 法	0.797**	0.689**	0.900**	1.000

注：**、* 分别表示在 1%、5% 的水平上显著。

第11章　政策工具视角下河北省节能减排政策分析

空气污染问题在诸多发达国家的工业化进程中都是普遍存在的，中国也不例外，随着中国工业化和城市化的高速发展，中国进入环境压力高峰。尤其是近几年我国中东部的大部分地区持续大范围雾霾天气，给人民生活带来严重的困扰，而河北省民众更是承受了全国最差的空气质量。河北省环境保护厅厅长陈国鹰在河北省人大第十二届人民代表大会第二次会议上所做的书面报告中，公布了2013年全省平均达标天数129天，达标率35.3%，低于全国平均水平20个百分点左右，重度污染以上天数80天，占21.9%，全国每月公布的空气质量较差的10个城市中，河北省均占5到7个。为应对气候变化，改善空气质量，河北省政府各部门提出了一系列节能减排政策，并取得了一定成效。

河北省节能减排政策工具是政府各部门为应对气候变化、温室气体减排、改善生态环境质量、实现绿色、环保、文明、和谐、美丽河北等目标的途径和手段。对河北省节能减排政策工具的研究，有助于清楚地了解河北省节能减排政策从制定到执行的全过程，以及河北省节能减排政策工具的实施效果，整体把握河北省政府各部门制定节能减排政策措施的基本规律、本质特点和经验得失，利用政策工具的基本理论和最新研究进展，为未来河北省调整和优化节能减排政策指明方向。

11.1 国内节能减排政策工具选择

2002年党的十六大提出“要逐步提高城镇化水平，坚持大中小城市和小城镇协调发展，走中国特色的城镇化道路”，为河北省城镇化发展指明了方向，河北省城镇化发展进入了加速发展时期。河北省城镇化率由2002年的33.08%增加到2013年的48.12%，河北省由农业大省转变成经济大省。随着经济的快速发展，伴随而来的是气候变化和温室气体减排问题，生态环境不断恶化，河北省经济发展遭遇前所未有的瓶颈。要想实现经济与环境的协调发展，促进民生健康生活，环境政策制定者和相关学者面临的重大难题是如何选择合适的政策工具，来达到节能减排的目的。

为达到节能减排的目的，世界发达国家政策工具呈现多样化。美国为了节能减排，应对气候变化的立法最早是 1978 年 9 月 17 日卡特总统签署的《国家气候计划法》，该法的目的是建立相互协调的国家气候计划，由于当时美国没有认识到气候变化对国家经济和环境安全的影响，这仅仅是个立法提案。克林顿政府在 1993 ~ 2000 年采取了较为积极的态度对待节能减排问题，但其采用的政策工具主要是政策奖励，该届政府认为强制减排将对美国经济造成巨大的负面影响。以后的各届政府直到 2009 年奥巴马执政，美国一直秉承“通过温室气体的减排行动，积极谋求经济利益最大化，确保国家能源安全”。其实行的政策工具是实行保护经济增长的碳税政策，对企业不仅不积极通过惩罚性征税，实行税收奖励。世界上节能减排最积极的倡导者和实践者是英国，英国于 2001 年开始征收气候变化税，制定了一系列提高能源利用效率、降低温室气体排放的节能减排政策，重点施行的是约束性环境政策。英国政府 2007 年出台的《气候变化法案》和 2009 年公布的《英国低碳转型计划》白皮书，形成了对企业征收应对气候变化税、欧盟碳排放贸易制度、提供财政激励制度、碳信托基金等相对较完善的节能减排激励政策。日本在节能减排方面，一直走在亚洲国家的最前面，在日本政府的引导和推动下，日本各产业部门自 20 世纪 90 年代起就开展了自主减排行动，运行方式是建立二氧化碳交易市场，企业自愿参与、自主设定减排目标，运用税收手段调节碳排放，对于使用节能设备的企业给予税收、贷款等方面的优惠。2008 年 1 月 26 日，日本首相福田康夫提出“美丽星球推进构想”，鼓励居民和企业开展“绿色行动”，鼓励全民参与。

在节能减排政策工具上，国内学者也进行了大量研究。毛万磊（2014）将环境政策工具分成了三大类：第一类是强制机制的命令与控制型政策工具，它是环境治理的第一代政策工具，基本特征是要求被规制者在环境目标选择或者达成目标的技术手段上不能做出自由选择。第二类是市场机制的经济激励型政策工具，这类政策工具主要是通过经济激励的方式把外部效果内部化，主要分为利用市场中的环境税费、政府补贴、押金—返还和创建市场中的排污权交易两大子类。第三类是自愿机制的自愿型政策工具，主要是政府通过信息舆论、协商规劝、道德劝说、公民参与等非强制性手段，可以划分为信息手段、自愿协议和公民参与三类。罗敏等（2014）指出为减缓气候变化，推进低碳经济转型已成为各国政府的共识，通过筛选将低碳政策工具分别归类到规制型政策工具、经济激励型政策工具和社会型政策工具。庄贵阳（2014）认为为了节能减排，实现低碳经济转型，指出有效的政策工具主要有命令约束型政策、财税金融型政策、市场机制型政策、公共参与型政策四种类型。肖建华等（2011）通过分析生态环境政策工具的发展演变，将生态环境政策工具分成命令与控制型政府管制工具、市场激励性工具、自愿性环境协议工具以及公众参与的信息公开工具四类政策工具。

综上所述，无论世界发达国家还是国内，节能减排政策工具各有侧重点，美国主要侧重在经济激励政策，英国侧重在约束性环境政策辅以经济激励政策，日本侧重在自愿协议型环境政策同时大力鼓励全民参与。我国在节能减排政策工具采用上，不同学者也进行了划分。本书通过分析国外在环境政策工具选择的经验，并结合我国环境政策工具的具体运用以及河北省的实际情况，探求适合河北省节能减排政策工具。

11.2 河北省节能减排政策分析框架

相关部门制定的任一项节能减排政策，均包含两部分内容，一个是政策目标，另一个是政策工具。没有政策目标，政策工具无从谈起，没有政策工具，政策目标无法实现。政策目标是根本目的，政策工具是实现政策目标的手段，二者相辅相成，相互促进。任何一项政策目标的制定，相伴而来的都有政策工具的选择和执行，因此从政策工具角度来研究河北省节能减排政策的有效性以及河北省节能减排政策工具的优化选择问题具有重要的现实意义和理论意义。

11.2.1 X维度：基本政策工具维度

本书根据国内外节能减排政策工具选择，借鉴杨洪刚《中国环境政策工具的实施效果及其选择研究》（2009）的政策工具类型，结合河北省的实际情况，将基本政策工具分为命令控制型政策工具、经济激励型政策工具和公众参与型政策工具，并以此建立X维度。其中命令控制型政策工具对节能减排政策起的是驱动作用，经济激励型政策工具对节能减排政策起的是拉动作用，公众参与型政策工具对节能减排政策起的是推动作用（见图11－1）。

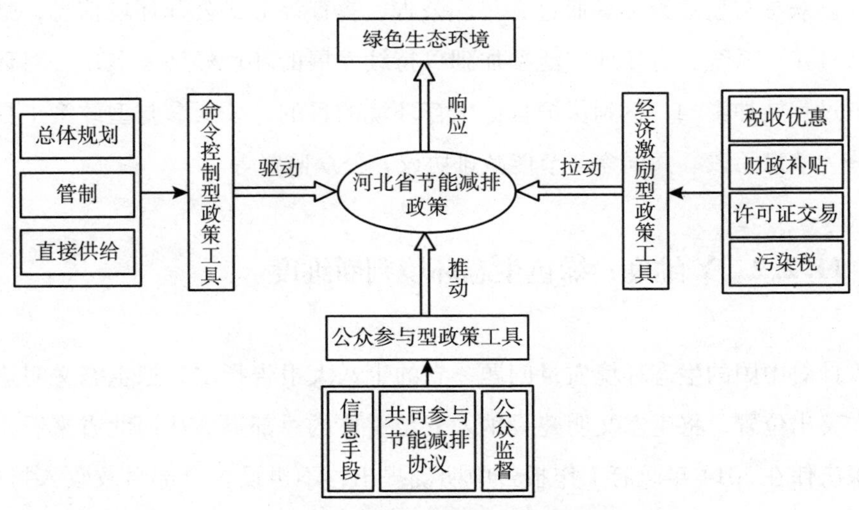

图11－1 河北省节能减排基本政策工具

11.2.1.1 命令控制型政策工具

命令控制型政策工具是政府通过行政命令及制定的法律法规制定各类

环境标准，对目标群体的行为进行指导和控制，限制或禁止污染，违反者将受到法律制裁。命令控制型政策工具可细分为总体规划、管制（限制污染物数量排放标准、强制技术标准、淘汰落后产能、绩效标准等）和直接供给。

11.2.1.2 经济激励型政策工具

经济激励型政策工具以市场机制为依托，通过明确的市场信号对当事人的经济利益进行调节，利用经济刺激措施影响当事人的环境行为，从而达到环境保护的目的。经济激励型政策工具可细分为税收优惠（正向激励）、财政补贴、许可证交易和污染税（负向激励）等。

11.2.1.3 公众参与型政策工具

公众参与型政策工具通过宣传、公告、教育等形式公开环境信息，鼓励公众直接、系统、有效地广泛参加到可持续发展的环境经济发展中，对环境决策过程施加影响，达到保护自己生存环境的目的。公众参与型政策工具可细分为信息手段、共同参与节能减排协议、公众监督等。

11.2.2 Y维度：绿色生态环境判断维度

针对中国的生态环境质量问题，党的十八大报告指出，把生态文明建设放在突出位置，将生态文明建设纳入五位一体的总部局。从河北省来看，省长张庆伟在2014年政府工作报告中明确提出，不再设置全部财政收入指标，不以GDP增长率论英雄，要更加注重民生改善，注重保护资源环境，突出绿色发展，实施生态立省可持续发展战略，走具有河北特色的生态文明之路。可见，生态文明建设成为主旋律，改善生态环境质量成为未来经济发展和城市发展的主题，本书将“绿色生态环境”评价指标为Y维度，对河北省节能减排具体情况进行测量与综合分析。

追求利润最大化，是各个经济主体的一大目的，政府各部门制定节能减排政策，是引导和强制各经济主体良性发展，使各经济主体在实现经济利益的同时，考虑到对生态对环境造成的影响。产业要想实现绿色生态环境标准，其运营过程就要自我约束，除实现经济利润的同时，还要考虑到对环境造成的负面影响，因此对要素投入的方向、技术开发精度、生产过程的控制细度，都要综合考虑。绿色生态环境不仅成为政府制定政策工具考虑的出发点，也要成为各行业经营过程考虑的出发点，所以本书将绿色生态环境分成三个方面，分别是绿色投入、绿色技术和绿色生产，即节能减排政策分析框架的 Y 维度。

11.2.3　节能减排二维分析框架

通过对基本政策工具和绿色生态环境判断维度内容构成的分析，形成了节能减排二维分析框架如图 11－2 所示。

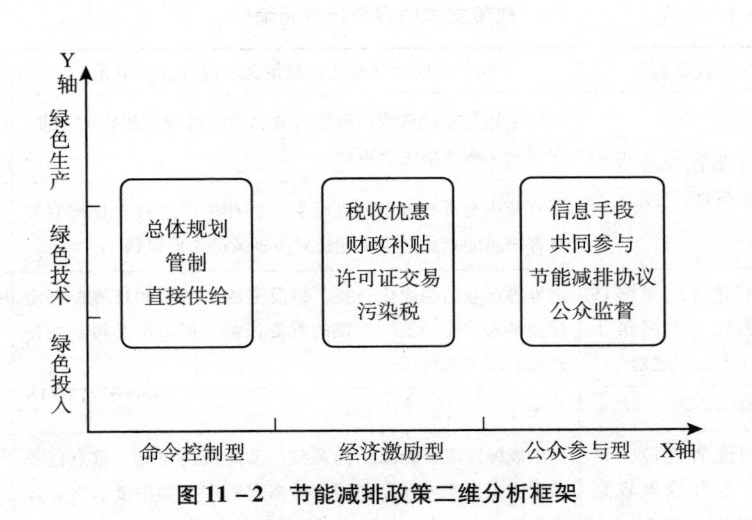

图 11－2　节能减排政策二维分析框架

11.3 政策工具视角下河北省节能减排政策分析

11.3.1 河北省节能减排政策文本样本内容分析单元编码

本书研究的政策文本样本主要是“十一五”至今由河北省人民政府相关部门及其直属机构颁布的关于河北省节能减排的体现政府政策的文件，通过汇总最终梳理得出有效政策样本50份。

利用内容分析法按照“政策编号-具体条款/章节”对选出的50份政策文本，合计119项政策条款进行编码，形成了基于政策工具的河北省节能减排政策文本的内容分析单元编码表。由于篇幅所限并未全部显示所有文本内容的编码情况，部分举例如表11-1所示。

表11-1 政策文本内容分析单元编码

序号	政策名称	河北省应对气候变化政策文本内容分析单元	编码
1	河北省清洁生产审核暂行办法	对污染物超标排放或污染物排放总量超过规定指标的企业，应强制实施清洁生产审核	1-1
		所有使用有毒有害原料进行生产或在生产过程中排放有毒有害物质的企业，应定期强制实施清洁生产审核	1-2
2	河北省国民经济和社会发展第十一个五年规划	将推进产业结构优化升级、建设资源节约型和环境友好型社会纳入“十一五”时期的重要任务，提出主要污染物排放总量减少15%等	2
	……	……	
49	河北省能源“十二五”发展规划（2011-2015年）	提出规模发展、能源结构调整、节能减排目标，重点任务为推进煤炭集约开发利用：提高煤炭产业集中度，促进煤炭资源安全开发，鼓励煤炭清洁转化利用	49-1

续表

序号	政策名称	河北省应对气候变化政策文本内容分析单元	编码
50	《河北省大气污染防治行动计划实施方案》应对重污染天气 20 条措施	严格控制煤炭消费量：拆除一批燃煤锅炉、茶浴炉和工业窑炉，减少煤炭消费量。禁止新建项目配套建设自备燃煤电站	50－1
		加强公众参与：组织开展百家企业大气污染减排公开承诺和聘任万名大气污染防治义务监督员活动。建立污染有奖举报制度，鼓励公众监督排污企业	50－20

11.3.2 河北省节能减排政策 X 维度分析

本书采用内容分析法，对河北省节能减排政策 X 维度上进行了频数和频率的统计分析，分析结果如表 11－2 所示。

表 11－2　　河北省节能减排政策 X 维度分布表

政策工具类型	工具名称	基本政策工具政策编号	数量	占比（%）
命令控制型	总体规划	3，5－1，6－2，7，9，11－1，11－6，13，15，17－1，18，23，27，29，49－1	15	60.5
	管制	1－1，1－2，2，8，11－3，11－4，19－1，19－2，19－4，19－5，19－6，19－7，20，22－6，24－1，24－2，24－3，24－4，26，30，32－1，32－2，35，37－1，37－2，37－3，37－4，37－6，39，37－7、40－1，41，43，44，45，49－6，50－1，50－5，50－7，50－8，50－9，50－10，50－11，50－13	44	
	直接供给	6－3，10－1，11－5，16－1，19－3，28，46，49－3，49－4，49－5，49－7，50－4，50－6	13	
经济激励型	税收优惠	5－4，21，22－2，22－3	4	25.21
	财政补贴	4－1，6－1，11－7，14，16－2，22－4，22－5，33，37－8，40－2，42，49－2，50－3	13	
	许可证交易	4－2，5－2，11－2，22－1，31，34，37－5，37－10，47，50－2	10	
	污染税	5－3，12，17－2	3	

续表

政策工具类型	工具名称	基本政策工具政策编号	数量	占比（%）
公众参与型	信息手段	10－2，11－9，50－12，50－15，50－16，50－18，50－19	7	14.29
	共同参与节能减排协议	4－3，25，36，38，48，50－14，50－17，50－20	8	
	公众监督	11－8，37－9	2	
合计	N/A	N/A	119	100

从表11－2可以看出，河北省节能减排政策运用了命令控制型、经济激励型和公众参与型三类基本政策工具，这三类政策工具为河北省生态环境质量改变发挥了重要作用，但是，运用过程中所占比例却有很大区别。命令控制型政策工具所占比例是60.5%，由于50份政策文本119项政策条款是按时间先后顺序进行编码，命令控制型政策工具多出现在开始年份，说明河北省经济快速发展初期，生态环境没有受到足够的重视，以至对污染单元控制较少，随着环境的不断恶化，政府部门意识到生态环境的重要性，出台了一系列环境政策，这些政策多以命令控制为主。其次是经济激励型政策工具，比例是25.21%，命令控制型政策虽然对污染单元有一定的震慑作用，但达不到激励作用，不能使污染单元尤其是污染企业有创新的动机，经济激励型政策工具正好弥补不足。公众参与型政策工具最少，比例是14.29%，公众参与型政策工具节能减排政策起的是推动作用，有助于气候改善，公众参与的广度和深度将更好地使政府和污染单元进一步改进。从各政策工具比例上可以看出，命令控制型政策工具在河北省节能减排中起主导作用。

从各政策工具内部结构来看，在命令控制型政策工具中，管制占61.11%，总体规划占20.83%，直接供给占18.06%。在经济激励型政策工具中，财政补贴占43.34%，许可证交易占33.33%，税收优惠占13.33%，污染税占

10%。在公众参与型政策工具中，信息手段占 41.18%，共同参与节能减排协议占 47.06%，公众监督占 11.76%，公众监督比例明显过少，无论是比例过多还是过少，信息手段、共同参与节能减排协议和公众监督绝对条款太少，这些都为后续出台政策留下了补充空间（如图 11 -3 所示）。

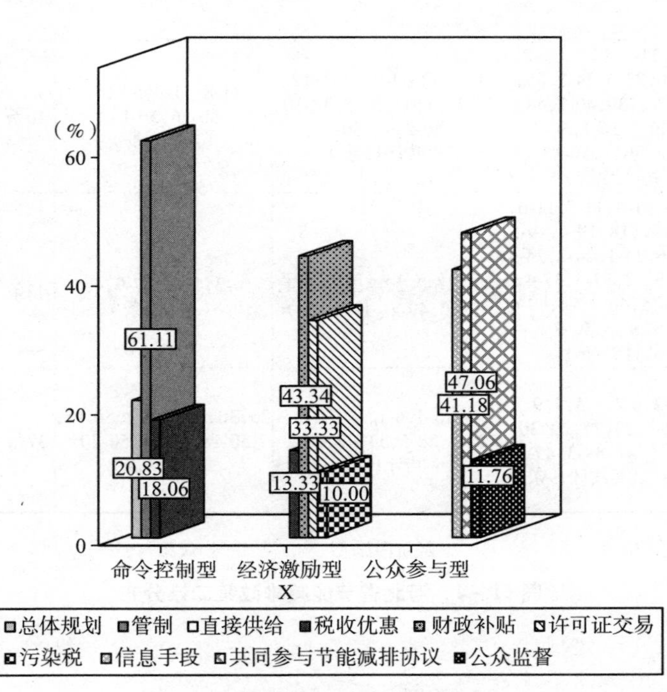

图 11 -3　基本政策工具使用占比

11.3.3　河北省节能减排政策 Y 维度分析

本书引入了绿色生态环境作为河北省节能减排政策的 Y 维度，主要针对的是无论政府部门采用的是命令控制型、经济激励型还是公众参与型这三类基本政策工具中的任何一种，均以改善生态环境为目标。

Y 维度衡量指标主要有绿色投入、绿色技术和绿色生产三个维度。根据图 11 -4 可以发现，绿色技术、绿色生产与绿色投入所占比例分别为 35.29%、

33.61%和31.10%，从数字来看，差别不是太明显，说明河北省在这三方面非常重视政策的均衡，只有在投入、技术和生产上严格把关，才能推进河北省绿色生态发展，实现产业结构调整和经济发展方式转型升级。

Y轴	命令控制型	经济激励型	公众参与型		
绿色生产	2,11-1,11-3,17-1,19-2,19-4,20,22-6,24-3,35,37-1,37-2,39,40-1,44,49-1,49-5,50-1,50-7,50-8,50-11,50-13（共计22条）	4-2,5-2,11-2,11-7,12,17-2,21,31,37-5,37-10,40-2,47,50-3（共计13条）	11-8,11-9,50-14,50-16,50-17（共计5条）	40条	33.61%
绿色技术	3,5-1,8,11-4,11-5,11-6,13,15,16-1,18,19-1,19-3,19-5,19-6,24-1,24-2,24-4,26,28,32-2,37-3,37-4,37-7,43,45,46,49-4,49-6,50-5,50-6,50-9（共计31条）	5-3,16-2,22-2,22-4,34,37-8,49-2（共计7条）	4-3,10-2,37-9,48（共计4条）	42条	35.29%
绿色投入	1-1,1-2,6-2,6-3,7,9,10-1,19-7,23,27,29,30,32-1,37-6,41,49-3,49-6,50-4,50-10（共计19条）	4-1,5-4,6-1,14,22-1,22-3,22-5,33,42,50-2（共计10条）	25,36,38,50-12,50-15,50-18,50-19,50-20（共计8条）	37条	31.10%
				X轴	

图11－4 河北省节能减排政策二维分布

11.4 研究结论

11.4.1 X维度研究结论

11.4.1.1 命令控制型政策工具过滥

河北省节能减排政策中命令控制型政策工具所占比例超过了一半，其中又以管制应用最为频繁。命令控制型政策工具中的管制多以政府强制为主，执行的是自上而下的控制方式，虽然实施效果具有确定性，也可用于处理突发性的环境事件，但命令控制型政策工具往往缺乏灵活性，容易导致政策失灵，且由于缺乏竞争带来高成本投入势必造成执行成本巨大，当被管制者不能被直接观察到时，他们就会不服从规则，结果给环境带来更大的损害。总体规划起的是引导作用，指定大的方向，比例较合理。直接供给针对的是有的项目外部性要求严格，大部分企业难以达到，应当由政府直接供给或政府与企业合作，18.06% 比例稍小一些。

11.4.1.2 经济激励型和公众监督型政策工具存在不足

经济激励型政策工具不仅可以实现社会资源的有效配置，还可以为当事人提供持续的刺激作用，使污染者可以选择最佳的生产方法使污染水平控制在规定的环境标准以内，使环境治理的边际成本等于排污收费水平，从而实现成本最低的目的，同时通过政府部门各项优惠政策和补贴等使污染者不断改进技术水平，采取先进的生产工艺以及促进低污染或无污染新产品出现。从经济激励型政策工具使用比例可以看出，该政策存在不足，应加强此类政策的制定。财政补贴主要是政府对企业投入，这些有可能成为一些企业的隐性利润，所占比例应当减少。在许可证交易中，河北省政府部门在准入门槛和转移交易中搭建了较为合理的标准，所占比例合理。税收优惠和污染税两者共占比例 23.33%，河北省环境恶化，究其原因主要是产业结构偏重、工业布局不合理、企业超标排污、煤炭的大量消费和以煤为主的能源消费结构，因此应当增加正向激励与负向激励的比例。

公众监督型政策工具的使用可以在社会上形成良好的社会氛围和舆论声势，可以通过不同参与机制将社会各阶层和各组织的需求和意见反馈给政府部门，对政府的环保行为形成一种无形的压力，从而使政府部门在决策时能更多地考虑到社会和各个阶层的整体利益。但从使用比例上可以看出，公众监督型政策工具严重不足。从信息手段和公众监督的具体条文内容分析可以发现，大多是宏观层面的政策，具体可行的政策措施很少。如《河北省大气污染防治行动计划实施方案》中第十二条规定：“强制公开各类环境信息，各级各部门要规范发布环境信息模式，整合信息资源等。”如何强制公开，公开的渠道是什么都没有明确规定，环境信息模式也没有强制性要求，使各级各部门在具体实施中有很大的随意性。在共同参与节能减排协议的各个条款中，大部分强调的是污染行业和具体污染企业共同参与，虽然在河北省发展和改革委员会关于印发《河北省〈应对气候变化领域对外合作管理暂行办法〉实施细则》的通知中指出了各设区政府、各级行业协会、科研机构和高等院校等开展节能减排领域的合作，但如何合作，合作经费来源都没有提及，这些都会降低这些非污染单元的工作积极性。

11.4.2　Y 维度研究结论

从绿色生态环境维度来看，相关配套政策制定基本合理，但仍需要改善。从比例上看，绿色投入、绿色技术和绿色生产都超过了30%，差别不是特别明显。但进一步分析可以发现，绿色投入、绿色技术和绿色生产的实现，大部分是靠命令控制型政策工具实现的，由河北省政府制定，各设区政府严格执行，主要由政府的行政命令来完成。例如，《河北省人民政府关于加强节能工作的决定》，提出重点耗能行业淘汰落后产能的任务：钢铁行业淘汰300立方米以下高炉和20吨以下转炉、电炉等。虽然此后钢铁行业确实淘汰了一些小的落后产能，但是企业为了跨过生存门槛，纷纷“汰小上大”，钢铁产能不减反增，河北省生态环境没有得到改善。命令控制型政策工具缺乏长效的激励机制。

绿色技术占比例最多，说明河北省一直重视技术方面的改革和创新。河北省目前正处于城市、经济和社会快速发展时期，其使用的能源主要是化石能源，化石能源不仅存量有限，使用后排放的废物量大，危害严重，因此产业转型升级和可更新、无污染绿色能源的研究一直是河北省强调的重点。河北省在政策工具使用上也倾向于绿色技术，这是河北省改善生态环境工作中的一大进步。绿色生产占比例33.61%，基本是整体的1/3，河北省处于环抱京津的地理位置，肩负着首都生态屏障的使命，通过制定和落实工业气体排放标准、建立省级工业气体排放监测体系，使企业经济规模发展，减少对环境造成的影响，绿色生产在河北省政策工具中也表现出了一定的优势。绿色投入包括两方面的内容：一个是用于环境治理的投入，可以使环境质量得到改善；一个是有益社会发展和经济健康增长的绿色投入，可以从源头上把关，促进绿色“GDP”增长。从政策内容条款上分析，河北省绿色投入主要集中在环境治理方面，属于事后控制，不仅投入的社会成本大，而且环境恶化再改善更是需要一段漫长的时间过程，因此应当增加促进绿色“GDP”增长的绿色投入。从比重上分析，绿色投入比绿色技术少了3.1个百分点，应适当增加绿色投入的比例。

11.5 对策建议

11.5.1 优化基本政策工具——X维度

针对X维度基本政策工具而言，应当适度降低命令控制型政策工具的使用频率。命令控制型政策工具不考虑相应成本差异问题，实行“一刀切”要求每个厂商承担同样份额的污染，并且通过管制规定的技术标准和绩效标准妨碍了企业采用新技术。经济激励型政策工具有利于技术改造和创新，应增加经济激励型政策工具的使用频率，使其处于核心位置。经济激励型政策工具要求环境市场主体成熟，这样才能根据市场信号的改变及时做出适当的反应，目前河北省的环境市场机制却并不完全成熟，主要表现在环境产权制度不合理，政府干预市场行为浓厚，导致个人和其他组织不能成为环境资源产权的所有者，污染排放价格不是在企业自己的成本和利润下核算，多是在政府的协调下完成，随意性很大，河北省应当逐步规范市场环境，建立完善的环境市场机制，为经济激励型政策工具的实施提供成熟的市场。重视公众参与型政策工具的推动作用。公众参与型政策工具涉及范围大，参与面广，易获得广泛的社会支持。河北省已经初步运用了一些这种类型政策工具，但是实施效果并不明显，主要原因是公众监督型政策工具的强制力不足，大部分流于形式。河北省政府在公众参与型政策工具上的具体内容上：首先应当通过合理的制度设计，建立信息服务体系，加强环境信息的公开化，尤其是要公布各类企业的耗能排污状况以及污染处理方式，以便公民监督；成立专门机构，由政府、地方公共团体、企业和居民共同组成，发挥多元化优势，共同参与河北省节能减排事业。

今后河北省政策工具内容条款上应当以经济激励型政策工具为核心，以命令控制型政策工具为辅助，有机结合公众参与型政策工具，组合使用各类环境政策工具，使之相辅相成，互相促进，为河北省节能减排事业做出贡献。

11.5.2　加强绿色生态环境价值链中绿色投入的支持力度

改善绿色投入、绿色技术和绿色生产的结构，优化调整基本政策工具的比例。绿色投入中涉及的基本政策工具多以污染治理为主，今后政策应倾向无污染的绿色投入方面，投入的关键是长期性研发，尤其是那些新能源的研发工作，有了这方面政策的保障，新能源的研发就有了坚实的后盾。河北省能源消费结构主要以化石能源为主，其中煤炭消费占比重更大，能源开采、供应与转换、输配技术以及其他能源终端使用技术与发达国家相比还存在很大差距，电力、交通、建筑、黑色冶金、水泥、化工和石油化工六大产业部门是碳排放最多的部门，先进技术的严重缺乏以及落后工艺所占比重仍然较高，在能源供应和使用上要考虑制定具有前瞻性的政策和措施。绿色投入、绿色技术和绿色生产所占比例应当一致，通过对河北省政策工具的分析，加强绿色投入的力度。

第12章　河北省生态文明建设与经济转型升级的对策

12.1 实行多元考核体系

生态文明建设和经济转型升级的提出与环境污染直接相关，应该说目前大范围的污染天气和我国的政治管理体制有一定关系。基于我国空间面积很大、信息不对称，采用“政治集权、经济分权”的锦标赛竞争机制是符合国情的，也可能是最优的制度安排。问题在于中央对地方采用的考核机制及任命机制，从考核机制看，长期以来 GDP 是考核地方官员绩效的主要指标，甚至是唯一指标，地方官员为了晋升，肯定会发展创造 GDP 能力最强的行业，工业尤其是重化工业成为各地的首选，从而导致各地重复建设、产能过剩、污染严重，直至超出环境承载能力；从任命机制看，地方行政长官都是由上级任命的，因此他只需对上负责，而不需对下负责，因为“下”决定不了他的晋升，甚至很难影响他的晋升。实际上如果只“唯上”，各地的生态环境不会恶劣到现在这种情况，因为我国 2003 年就提出了科学发展观，党的十八大把科学发展观确立为党的指导思想，提出加快生态文明建设、坚持资源节约和环境保护的基本国策。但有的领导表面和中央保持一致，高调治理污染，宣称“几年摘污染帽子”，但中央环境保护督查组的结论却是“主要领导对环境保护工作不是真重视，没有真抓”。《中共中央关于全面深化改革若干重大问题的决定》已经提出了“完善发展成果考核评价体系，纠正单纯以经济增长速度评定政绩的偏向，加大资源消耗、环境损害、生态效益、产能过剩、科技创新、安全生产、新增债务等指标的权重，更加重视劳动就业、居民收入、社会保障、人民健康状况”。多元考核评价体系真正落实、生根之时，也是生态环境得到根本改善之时。

12.2 修订完善环境法制法规、严格执法

根据《广西质量监督导报》上发表的一篇未署名专题论述，在主要污染物控制上，中国的环境空气标准的一级标准已经接近或者达到了国际先进水平，但是二级标准与一级标准相差很大，往往处于落后状态，还有很大的严格修订空间。以 PM2.5 为例，世界卫生组织年平均浓度准则值为 10 微克/立方米，而中国一级标准为 10 微克/立方米，二级标准为 35 微克/立方米；PM10 世界卫生组织年平均浓度准则值为 20 微克/立方米，而中国一级标准为 40 微克/立方米，二级标准为 75 微克/立方米，可见二级标准与世界卫生组织的标准差距甚大。一类区适用一级浓度限值，二类区适用二级浓度限值。一类区为自然保护区、风景名胜区和其他需要特殊保护的区域；二类区为居住区、商业交通居民混合区、文化区、工业区和农村地区。可见在中国绝大部分区域适用的是二级标准。在世界各国、组织或地区基本都已取消了空气质量标准分级标准的情况下，中国也应尽快取消空气质量标准分级制度，以提高各地区改善空气质量的动力。

另外，环境违法成本低，违法排放的收益远大于合法治理的成本，以大家熟知的噪音污染为例，居住区域适用一类标准，即白天 55 分贝、夜晚 45 分贝，但是临街门脸的音响和广场舞的音乐通常高于标准，相信很多人深受噪音干扰，甚至报警，但报警的结果通常就是警告一下，相关人员把声音调低点，但警察一走，就又把声音调得更大，这就属于违法没有成本。因为噪音的纠纷大打出手屡见不鲜，这和政府的不作为大有关系，环境标准太低相当于没标准，似是而非的处罚等于没处罚。2016 年中央城市工作会议提出新建住宅要推广街区制，相当于任何房子都是临街的。在没有相应环境保障措施配套之前，这个提法有点过早。我们在借鉴国外经验的时候，一定要记住

国外经验是有其生存环境的。

如果有人认为噪音不算污染的话，我们看看《环境保护法》第六十三条：企业事业单位和其他生产经营者有下列行为之一，尚不构成犯罪的，除依照有关法律法规规定予以处罚外，由县级以上人民政府环境保护主管部门或者其他有关部门将案件移送公安机关，对其直接负责的主管人员和其他直接责任人员，处十日以上十五日以下拘留；情节较轻的，处五日以上十日以下拘留：（一）建设项目未依法进行环境影响评价，被责令停止建设，拒不执行的；（二）违反法律规定，未取得排污许可证排放污染物，被责令停止排污，拒不执行的；（三）通过暗管、渗井、渗坑、灌注或者篡改、伪造监测数据，或者不正常运行防治污染设施等逃避监管的方式违法排放污染物的；（四）生产、使用国家明令禁止生产、使用的农药，被责令改正，拒不改正的。

第（一）、（二）、（四）这三种情况基本不起作用，有几个企业会傻到拒不执行或拒不改正？对于关键的第（三）条，企业偷排或篡改在线监测数据，也只是罚点款，简单处理一下直接负责的主管人员和其他直接责任人员，对企业最高负责人（董事长、总经理等）没有任何处罚，实际上“直接负责的主管人员和其他直接责任人员”只不过是替罪羊而已，他们只不过是执行了命令，不执行命令就会丢掉饭碗。

地方政府常常进行突击检查，但在检查前，报纸、电视的宣传报道成为变相为企业通风报信的途径。一阵短期的突击过后，一切又恢复原样。我们可以发现，在上级督查时，白天效果显著，夜晚偷排严重。在进行督查时，不仅应该加大白天的执法力度，夜晚也应成为严查的重点。由于夜间非法偷排，废气实际排放量远远大于总量考核量。当然这和环境执法力量不足有一定关系，2014 年全国环保系统仅 21.5 万人，省均不足 1 万人；且 21.5 万人中包括环保行政主管部门人数、环境监测机构人数、环境监察机构人数、科研机构人数、宣教机构人数、信息机构人数、环境应急机构人数等。相对于全国数亿的企业来讲，环保人员就是不吃不睡也难以完全监管。大规模扩充环保人员不切合实际，唯有修改完善环境法制法规、加大惩罚力度，使环境法制法规成为“硬约束”，才能真正对违法排污产生足够的震慑力。

12.3 确立比较优势发展战略

新中国成立后，为了国防及建立工业化国家的需要，我国实行了重工业优先发展战略，从原子弹爆炸、卫星上天及工业化体系来说，当时的战略是有效率的。但由于新中国成立初期资金不足，为了加速资金积累，我国实行了扭曲的要素价格、严禁人口自由流动等一系列措施，即使到现在，扭曲的要素价格也没有完全得到校正。扭曲的要素价格造成要素报酬不均，相比于劳动力，资本获得了较高的报酬，在抑制消费的同时，也造成了产能过剩。在招商引资时，地方政府更青睐投资大、能带来GDP更高增长的项目，而这些项目一般都是重化工业，为了吸引投资，地方政府往往压低土地的价格、甚至给予零地价；银行也更愿意给这些企业贷款。在某种程度上某些高耗能行业的生存是依赖于这种变相的政府补贴，一旦失去政府补贴，这些企业将失去自生能力。按林毅夫（2014）的观点，在要素价格能反映要素价值的情况下，要根据资源禀赋实行比较优势战略。

河北省接受产业转移要根据是否具有比较优势，不能根据行政命令。《京津冀产业转移指南》的总体导向是“坚持创新、协调、绿色、开放、共享发展理念，有序疏解北京非首都功能，推进京津冀产业一体化发展。坚持市场在资源配置中的决定性作用，发挥政府在产业发展中的引导作用”。虽然强调市场的决定作用、政府的引导作用，但在京津冀产业一体化发展中，河北无疑处于弱势地位，行政力量有时有意无意地会产生重要作用。河北省要真正从比较优势出发接受产业转移。

12.4 切实提高生态文明意识

《中共中央国务院关于加快推进生态文明建设的意见》提出“坚持把培育生态文化作为重要支撑。将生态文明纳入社会主义核心价值体系，加强生态文化的宣传教育，倡导勤俭节约、绿色低碳、文明健康的生活方式和消费模式，提高全社会生态文明意识。”虽然国家在顶层设计上确立了提高生态文明意识的系列方法，但生态文明意识的提高不是朝夕完成的事情，它和一个国家的文化、传统有密切关系。噪音扰民，即使报警，这种现象也难以有效解决。人们对广场舞的态度往往取决于自身的利益，当自己被噪音污染时，措辞严厉的抵制、批评这种扰民行为，可一旦噪音远离自己，往往为图一时之乐，不顾他人感受加入扰民的行列。可以说部分国人缺乏“己所不欲勿施于人”的处世原则，这句话虽然是由孔子在几千年前提出，但在当前仍然适用。

生态文明意识的提高需要一定的制度基础，如环境信息公开、公众参与机制、法律法规惩罚措施等。如河北省压减产能除了市场因素，更多的是行政性压减，直接导致河北省经济增长速度大幅下降，这种压减产能具有正的外部效应，受益省份应该给河北省一定补偿，这就是一种生态文明意识；又比如为了保护北京的环境，河北省张家口、承德地区在京津冀协同发展中仅被赋予了生态涵养和水源保护的功能，它们收获的只是来源于北京的生态补偿，但北京给两地的补偿明显偏低，这实际上也是生态文明意识不够强的表现。

12.5 保持经济中速增长，加快产业结构调整

在经济规模扩大到一定程度后，规模扩大所带来的效益逐渐降低，尤其

是在不太乐观的国际经济大环境下，高速增长转向中速增长成为经济发展的必然趋势。在整个国民经济系统中，更注重的是经济系统的发展与其他系统之间的相互影响而不是经济系统本身的快速发展。在对河北省转型升级进行评价时，经济指标所占权重较低也印证了这点。因此，经济发展的质量成为我们关注的重点，在经济发展降速的过程中，想要实现经济软着陆，为国民经济系统中其他系统的发展提供支持，就要依靠产业升级、高技术产业的发展及良好的金融支持。

12. 5. 1 加快优势产业升级改造，注重高附加值产品研发

2015 年上半年全国 31 个省 PM2. 5 排名中河北省以 78. 8 微克/立方米排在第二位，环境质量引人担忧。计划经济时代起，河北省就是全国工业基地之一，多年以来河北省钢铁行业增加值占规模以上工业增加值的比重都在 20% 以上，是河北省的支柱产业，除此之外，河北省的优势产业还包括玻璃、水泥等。正是长期以来严重依靠工业的带动经济发展造成了现在环境污染严重，产业结构亟须升级的现状。

钢铁、水泥、玻璃等传统的优势产业在特定时期内为河北省经济增长提供了强有力的支撑，但是落后的生产方式、传统的工业产品已经不再适应市场的需求，除了环境污染严重、资源大量浪费外，产能过剩也为经济持续增长带来压力。这些产业想要走出发展的困境改变生产方式、提高生产效率、改进产品结构、延伸产品领域是必经之路。河北省的这些传统优势产业虽然没有新兴产业的蓬勃发展的朝气和无限广阔的前景，但是夕阳产业也有枯木逢春的机会。夕阳产业配以朝阳思维一样可以在夕阳产业中挖掘到黄金。传统工业一直是河北经济发展的支撑，在经济转型阶段将之完全摒弃并不现实，但转型却势在必行，这就需要这些行业不断提高产品的附加值，扩展产品的外延。以玻璃和钢铁行业为例，传统的玻璃生产污染严重、利润较低，而以废旧玻璃为原料制造的玻璃纤维作为复合材料中的增强材料应用于国民经济

的各个领域。钢铁行业中，粗钢产品逐渐被冷轧薄板、电工钢板、镀层板等高附加值得钢产品替代，这些高附加值的产品正是今后企业产品的发展方向。对于技术要求更高的钢产品如特种钢等，一旦掌握了相关技术就会成为企业的核心竞争力。

传统优势产业的升级改造困难重重却势在必行，除了企业从自身出发改变产品结构、提高产品层次外，还出要政府配套政策的完善，为企业科技人员的引进、产品技术的创新提供良好的环境。

12.5.2 把握新兴产业革命机遇，抢占科技制高点

科技革命在产业革命、社会发展的过程中一直扮演者主要推动者的角色，从18世纪60年代的第一次科技革命即工业革命开始，科技革命以它独特的方式深刻地改变着我们的生产生活方式。随着科学的发展和思维的扩散，科技革命正逐渐将科幻变为现实。受当时社会背景和经济水平的影响我们与前几次科技革命擦肩而过，新一轮科技革命的步伐正在临近，把握这次科技革命带来的产业革命的机遇，将是布局新的产业结构、实现经济转型的关键。

新一轮的科技革命从产业角度看，可能引发“仿生再生和生物经济革命”，主导产业包括：新一代生物技术产业将实现现有生物产业的升级换代，拟人化的信息和智能产业将实现信息转换器和人格信息包技术的商业应用，仿生和创生产业、再生产业等。

目前河北省本身的科技实力还不足以在上述领域中崭露头角，高端人才和科研人员的缺乏使河北省难以在技术创新上有所作为，“无中生有”的最好办法就是提供良好的科研环境、优越的福利待遇来引进所需人才和科技项目。新奥集团的成功就是一个很好的通过人才引进带动产业发展的例子。新奥集团通过引进甘中学博士而获得了他带来的一个海外研究团队并成功建立了煤基低碳能源国家重点实验室，2008年煤基清洁能源产业链初步搭建完成为新奥集团的长远发展提供了技术支持。正是以此为契机，新奥集团在清洁

能源行业的影响力不断扩大，公司业务也逐渐向其他领域延展。

12.5.3 完善政府监管，强化金融支持

在对河北省经济转型升级进行评价的过程中，可以发现河北省经济指标排名较低，这与河北省产业结构不合理有一定的关系。降低第二产业比重，增加第三产业比重很重要的一环就是促进现在金融的发展，通过金融将不同的经济角色进行整合，加强金融对经济发展的支持。

Gurley 和 Shaw（1967）提出金融中介在提高社会生产性投资水平中的作用，并指出金融发展有利于结构调整和资源优化配置。Pagano（1993）在研究金融发展对实体经济的影响时提出金融中介在经济增长过程中起着重要作用。国内外大量的学者都对金融在经济发展中的作用进行了研究，概括来说，金融在经济发展中有着不容忽视的作用。

在市场经济的环境下，金融逐渐成为串联各个经济体之间不可替代的角色。金融市场可以通过对信贷、利率的调控影响投资和储蓄进而影响资金流向以改变要素结构和经济结构。政府可以通过金融市场利用政策导向对具有发展潜力的企业提供资金支持，通过对资金的分配影响一个地区的产业结构，是地区经济转型、竞争力提高、经济增长的有效途径。同时，金融市场在没有政府干预的情况下也会自发地通过市场机制淘汰落后产业扶持新型产业，但市场本身的弊端无可避免。因此在强化金融支持的基础上需要适时的政府监管。

为经济转型提供金融支持既要政府需要政策引导还要金融机构创新金融产品、完善金融服务，发挥非银行类金融机构在信贷和融资中的作用，利用小额贷款公司贷款投放速度快、手续简便、利率定价灵活的特点为中小企业的发展提供支持。除了创新金融中介机构介入的间接融资渠道，在证券市场上通过股票、债券等金融工具进行直接融资则为投融资双方提供了更大的选择空间。证券市场是吸收社会闲散资金的主要场所，由于投融资双方的紧密

联系，资金的利用效率会更高，融资的成本也会降低，是公司改变治理结构的方式之一也是形成产业集群发展的途径。

12.6 完善社会保障体系，改善居民消费习惯

经济发展有利于社会稳定和居民生活水平的提高，社会稳定和居民生活水平的提高也会反过来促进经济健康发展，在对2004～2013年河北省经济转型升级评价时，熵值法下社会指标的权重为0.2521，灰色关联评价法下社会指标的权重为0.1229，虽然所占的权重值不高，但在经济转型过程中社会层面的进步依然不可或缺。

12.6.1 加强基础设施建设，完善社会保障体系

基础设施建设是物质生产和劳动力再生产的重要保障，交通、水利、通讯等基础设施是生活、生产不可或缺的条件，基础设施建设不仅能够保证正常生产、生活所需的公共服务，保障生产的顺利进行，而且能够通过乘数效应促进经济发展，提高国民收入。在经济萧条或转型过程中，原有的经济发展渠道受到诸多限制，更需要通过基础设施建设保证经济的平稳发展。

目前，在河北省经济转型升级的过程中，面临经济发展和资源环境的矛盾，第二产业作为支柱产业，它的整合虽然有利于资源环境状况的改善，但也必然会对经济发展的规模和人民生活水平带来影响，第三产业虽然会在转型过程中得到较快的提升进而弥补第二产业整合中对经济带来的负面影响，但仍需要一定的时间进行过渡，这段时期内，加强基础设施建设一方面可以促进经济增长，增加国民收入，另一方面可以改善生产、生活所处的社会环境，维持社会稳定。

转型升级的过程中必然面临结构性失业，河北省第二产业的高比重使转

型中结构性失业的问题更加突出。做好第二产业失业人员的再就业培训和失业保障工作对于经济发展、社会稳定具有十分重要的意义。政府一方面需要及时提供就业信息，加强对再就业人员的培训，另一方面需要通过社会保障体系维护社会公平，为失业和创业风险提供担保。

12.6.2　提高居民收入水平，刺激居民消费需求

目前，河北省居民消费面临两个主要问题，一个是居民消费能力不高，另一个是第三产业尤其是现代服务业的发展与居民消费意愿不匹配。

与居民消费能力直接挂钩的就是居民收入水平。居民收入水平的提高对于企业来说是把双刃剑，一方面企业支付的职工工资增加会增加自身经营成本，一方面工资的增加在一定程度上能够激励企业改进技术提高效益从而带动企业的长期健康发展。随着收入水平的提高，非食物支出在消费中的比重会不断加大，文化、教育、娱乐等方面支出的增加不仅有利于居民素质的提高，人力资本的积累，降低企业员工培训成本，也有利于文化、教育等产业的发展。

居民的消费除了食物支出外，大部分支出都与服务业密不可分。河北省第三产业发展相对落后，所能提供的产品和服务种类较少，其中能够激发消费者消费意愿的产品和服务更是少之又少，这就造成了居民一部分收入无法形成有效的消费意愿从而降低消费对经济增长的带动作用。

因此，想要解决居民消费面临的问题，需要加快促进服务业的发展，改善产品和服务的供给结构使之与需求结构相适应，合理调整税收水平，完善社会保障机制，促进提高居民的财产性收入。

12.7　大力发展循环经济，促进经济绿色发展

在之前的分析和评价中可以发现河北省资源环境问题是河北省经济发展

过程中面临的较大阻碍，灰色关联分析法中，河北省资源环境得分在 29 个省中仅列第 26 位，在转型升级的过程中资源环境问题极大地制约了河北省转型升级的步伐，发展绿色经济、循环经济成为河北省经济发展的当务之急。

12.7.1 完善污染处理技术，促进工业绿色发展

从河北省经济发展的历史和资源禀赋来看，即便是河北省大力发展第三产业，也不能轻视工业的发展。煤炭作为生产中主要消耗的能源，以煤炭为代表的黑色产业和以煤炭作为主要能源的工业的绿色发展就成为工业转型升级的关键。促进工业的绿色发展要做到两点：

一是提高资源利用效率，发展煤炭清洁技术。为了使经济增长维持在一个相对稳定的速度并且将污染降到最低，就需要改进煤炭清洁技术，在工业生产过程中逐步开发可替代能源，逐渐降低煤炭在能源消费结构中的比重。

二是促进工业结构内部调整，加快发展高端装备制造业。工业结构内部调整主要是淘汰污染严重、经济效益低、产能落后的工业企业，通过淘汰解放部分资源，实现资源新的优化配置，通过企业的兼并重组，完成企业由小变大、由弱变强的过程，扩大企业规模，实现规模效应。在工业行业中，河北省可以利用重工业的优势积极发展高端装备制造业，通过自主创新和技术引进改变装备制造业规模小、产品质量差的状况，通过高端装备制造业的发展，在传统产业与现代科技间构建桥梁，发挥科技对产业升级的带动作用。

12.7.2 建立循环经济模式，加快形成绿色产业链

循环经济一改线性的生产方式，在生产过程中形成回路，使第一次生产过程中产生的废弃物得到再次利用，尽可能大的提高资源利用率。绿色产业链要求在生产的不同环节上提高资源的利用效率，降低污染物的排放，通过每个环节的绿色发展实现产业链的绿色转型。从节约资源、保护环境的角度

看，发展循环经济和构建绿色产业链的目的是一致的。循环经济的理念将充斥在整个绿色产业链的每一个环节，尤其是高能耗环节，循环经济的发展模式可以有效地压缩能源消费量，在压缩高能耗的过程中循环经济模式甚至可以促进产业链结构的升级。

建立绿色产业链需要把握生产过程中的生态足迹，对生产过程中资源的需求量和污染的排放量进行事前计算，跟踪和事后核对，通过生态足迹的评价制定环境标准，将每个环节过多资源消耗和过度的环境污染合理的折合进企业和产品的经济成本中，通过成本的增加推动企业改进技术，提高资源利用率，降低污染物排放。

12.8 增强自主创新能力，发挥科技推动作用

不论是熵值法还是灰色关联评价法所计算的科技指标权重在四个一级指标中都是最高的，这就说明在经济转型升级中，科技作用举足轻重，这也是国际经济发展的大势所趋。想要发挥科技的作用，要抓住两个关键点：一个是教育、一个是人才。

12.8.1 转变驱动方式，提升创新能力

从之前的分析可以发现，投资占 GDP 的比重较高，是河北省经济发展的主要推动力量。但是依靠资本投入带动经济发展的投资驱动在经济起步腾飞之际可以带动经济快速发展实现赶超，却难以保障经济高速发展的持续性，很难满足经济扩展的需要。科技作为推动经济发展的另一要素是提高全要素生产率的有效手段，在投资驱动遇到瓶颈后，以科技进步为依托的创新驱动就成了经济增长驱动力的不二选择。

微观上看，在劳动成本不断提高和经济壁垒林立的背景下，低附加值的

产品很难在市场上获取大额利润来维系企业生存，企业想要在市场中立足甚至是拥有行业话语权就必须有高附加值的产品作支撑，尤其是独一无二的核心技术，这将成为企业竞争力的核心。同样需要注意的是企业作为创新者拥有核心技术后将面临模仿者和改进者的不断竞争，企业想要保持行业中的领先地位就必须进行在创新，这是企业长期立足的根本。就是在这样不断创新的过程中，企业逐渐壮大，相应的经济发展质量也会得到提高。

创新不是一家之事，需要政府、研究机构、高校、企业和大众携手并进。政府在搭建科技园区、经济技术开发区等平台中既要扮演中介的角色保证研究机构、高校和企业的充分沟通又要警惕新的增长极形成后造成的区域间经济发展不平衡和收入分配不合理带来的经济矛盾。研究机构需要为企业提供技术支持帮助企业进行技术升级，研究机构和企业之间要建立起顺畅的通道保证研究机构研发的新技术能够在二者之间能够进行迅速的反馈。高校也同样承担着科研的作用，但更多的是为企业培养专业的技术人才，提高企业生产效率。在经济体系中，创新可以作为生产要素的一部分，可是从社会的角度出发，创新就是一种文化，他需要大众提高对新事物的接受和认识程度也需要拥有从容的直面创新过程中失败的态度。大众对创新这一文化的接受程度将直接影响到企业的行为。

目前，在技术的原始创新环节上需要具备较高的创新能力和优越的创新环境，以河北省目前的创新能力和技术水平很难再这一阶段产生竞争力。目前，河北省 R&D 经费投入偏低，大量科技人才向外流出，社会缺乏创新氛围，引进尚未完全成熟的技术进行在创新或对技术进行改造不仅是一个技术学习的过程同时也是提高创新能力的有效途径。

12.8.2 鼓励企业核心技术研发，提高专业化程度

在如今的市场上，握有高端技术、掌握核心知识的企业在行业中的地位难以被撼动，他们不仅拥有行业的话语权、掌控行业规则，其产品的生产也

不必亲力亲为。拥有核心技术的企业其产品附加高、利润空间大，企业在市场上完全充当掌控者的角色。这样的企业不仅具有行业优势，其产品在市场上也难以被替代。企业可以将更多的资源向产品的研发和升级倾斜，更有甚者将产品的制造外包给其他厂商，在节约资源降低成本的同时，也会产生外溢效应带动地区经济发展。以耐克为例，美国的总部主要负责产品设计和市场开发，其产品的生产则在海外工厂完成，耐克公司可以根据不同地区生产成本的差异选择不同的供货商，其利润总是保持在一个较高的水平上。

反观目前河北省的企业，大部分企业处于产业价值链的低端，负责产品的加工或生产低附加值的产品，鲜有企业掌握核心技术更不要说拥有行业话语权，随着人口红利效应的消失，企业的生存逐步陷入困境。京津冀一体化进程虽然为河北省带来机遇，但是和天津市、北京市相比一直处于弱势，迫切需要培养或引进一批掌握核心技术、专业化程度高的企业带动整体经济的发展，避免沦为北京市、天津市企业产品的加工工厂。产品加工及生产低附加值产品不仅利润空间小，生产过程中废弃物的排放势必会加大资源环境的压力抑制经济增长。

除了鼓励企业技术研发外，思想也要与时俱进，以往一旦企业掌握具有核心竞争力的技术后就会急不可耐的扩大生产规模而放慢了进一步的技术研发，殊不知却是舍本逐末忽视了产业价值链的创造。

参考文献

[1] 安琥森．增长极理论评述［J］．南开经济研究，1997（1）：31－37.

[2] 车晓翠，张平宇．资源型城市经济转型绩效及其评价指标体系［J］．学术交流，2011（1）：94－96.

[3] 陈敏，温宗国，杜鹏飞．基于 AIM/enduse 模型的水泥行业节能减排途径分析［J］．中国人口·资源与环境，2012，22（5）：234－239.

[4] 成金华，陈军，李悦．中国生态文明发展水平测度与分析［J］．数量经济技术经济研究，2013（7）：36－50.

[5] 程慧芳，唐辉亮，陈超．开放条件下区域经济转型升级综合能力评价研究——中国 31 个省市转型升级评价指标体系分析［J］．管理世界，2011（8）：173－174.

[6] 付加锋，庄贵阳，高庆先．低碳经济的概念辨识及评价指标体系构建［J］．中国人口·资源与环境，2010，20（8）：38－43.

[7] 付允，马永欢，刘怡君，等．低碳经济的发展模式研究［J］．中国人口·资源与环境，2008，18（3）：14－19.

[8] 高媛，马丁丑．兰州市生态文明建设评价研究［J］．资源开发与市场，2015（2）：155－159.

[9] 龚宇波．基于系统动力学的南通市可持续发展研究［D］．南京：南

京师范大学，2011.

[10] 郭红岩. 美国联邦应对气候变化立法所涉重点问题研究 [J]. 中国政法大学学报，2013 (5)：126 - 140.

[11] 国家统计局能源统计司. 中国能源统计年鉴 (2013) [M]. 北京：中国统计出版社，2013.

[12] 国家统计局. 中国环境统计年鉴 (2011) [M]. 北京：中国统计出版社，2011.

[13] 国务院常务会研究决定我国控制温室气体排放目标 [EB/OL]. http：//www. gov. cn/ldhd/2009 - 11/26/content_1474016. htm.

[14] 何传启. 新科技革命引发新产业革命 (适势求是) [J]. 中国现代化研究论坛，2015，7 (5)：5.

[15] 河北省发展和改革委员会. 河北省工业和信息化十二五规划 [R]. 2011.

[16] 河北省发展和改革委员会. 河北省国民经济和社会发展第十二个五年规划纲要 [R]. 2012.

[17] 河北省统计局. 河北经济年鉴 (2013) [M]. 北京：中国统计出版社，2013.

[18] 洪芳柏. 低碳经济与温室气体核算 [J]. 杭州化工，2009，39 (1)：4 - 6.

[19] 侯强. 资源枯竭型城市产业转型的评价——阜新经济转型评价分析 [J]. 资源与产业，2007 (4)：1 - 4.

[20] 胡大伟. 基于系统动力学和神经网络模型的区域可持续发展的仿真研究 [D]. 南京：南京农业大学，2006.

[21] 胡晓英. 基于模糊层次分析法的成都市生态文明城市评价指标体系的构建研究 [D]. 西南交通大学，2014.

[22] 贾韫. 对党的十七大报告中提出"转变经济发展方式"的思考 [J]. 甘肃农业，2008，02：14 - 15.

[23] 姜作培. 结构调整：中国经济转型升级的取向与路径选择 [J]. 探索，2009 (5)：100 - 103.

[24] 金涌，Jakob de Swaan Arons. 资源·能源·环境·社会——循环经济科学工程原理 [M]. 北京：化学工业出版社，2009.

[25] 康继军，张宗益，傅蕴英. 中国经济转型与增长 [J]. 管理世界，2007 (1)：7 - 16.

[26] 李国柱，李从欣. 基于熵值法的经济增长与环境关系研究 [J]. 统计与决策，2010 (24).

[27] 李玲玲，张耀辉. 我国经济发展方式转变测评指标体系构建及初步评价 [J]. 中国工业经济，2011 (4)：54 - 60.

[28] 李龙熙. 对可持续发展理论的诠释与解析 [J]. 行政与法，2015 (1)：3 - 7.

[29] 李旭. 社会系统动力学：政策研究的原理、方法和应用 [M]. 上海：复旦大学出版社，2009.

[30] 林毅夫. 中国的奇迹：发展战略与中国改革（修订版）[M]. 北京：格致出版社，2014.

[31] 林兆木. 中国经济转型升级势在必行 [J]. 经济纵横，2014 (1)：17 - 22.

[32] 刘旌. 循环经济发展研究 [D]. 天津：天津大学. 2012.

[33] 陆钟武，王鹤鸣，岳强. 脱钩指数：资源消耗、废物排放与经济增长的定量表达 [J]. 资源科学，2011，33 (1)：2 - 9.

[34] 罗宏，裴莹莹，冯慧娟，等. 促进中国低碳经济发展的政策框架 [J]. 资源与产业，2011，13 (1)：20 - 25.

[35] 罗敏，朱雪忠. 基于政策工具的中国低碳政策文本量化研究 [J]. 情报杂志，2014 (4)：12 - 16.

[36] 罗月丰. 论转变政府职能与资源枯竭型城市经济转型 [J]. 矿业研究与开发，2006，26：4 - 6.

［37］毛万磊．环境治理的政策工具研究：分类、特性与选择［J］．山东行政学院学报，2014（4）：23－28.

［38］毛伟．中国经济转型升级的理论建构［J］．学习与探索，2011（5）：146－148.

［39］米松华．我国低碳现代农业发展研究［D］．杭州：浙江大学，2013.

［40］苗泽华，薛永基，苗泽伟，等．基于循环经济的工业企业生态工程及其决策评价研究［M］．北京：经济科学出版社，2010.

［41］牛建高等．河北省工业节能研究报告［M］．北京：社会科学文献出版社，2012.03.

［42］潘家华，陈迎．碳预算方案：一个公平、可持续的国际气候制度框架［J］．中国社会科学，2009（5）：83－98.

［43］庞智强，王必达．资源枯竭地区经济转型评价体系研究［J］．统计研究，2012（2）：73－79.

［44］沈露莹，葛寅，殷文杰，黄瑚，詹歆晔．上海转变经济发展方式评价指标体系研究［J］．科学发展，2010（6）：11－35.

［45］师姜超，顾潇啸．关于"供给侧改革"看完这十个问题你就懂了．2015年12月1日．http：//wallstreetcn.com/node/226853.

［46］舒元，王曦．构造我国经济转型量化指标体系：关于原则和方法的思考［J］．管理世界，2002（4）：16－21.

［47］孙景宇．开放体系下的转型经济研究［J］．南开经济研究，2005（3）：12－19.

［48］孙耀华，李忠民．中国各省区经济发展与碳排放脱钩关系研究［J］．中国人口·资源与环境，2011（5）：87－92.

［49］谭丹，黄贤金，胡初枝．我国工业行业的产业升级与碳排放关系分析［J］．环境经济，2008（4）：56－60.

［50］唐辉亮．江西省各地市经济转型升级综合能力评价［J］．宜春学院

学报，2013（8）：53－57.

［51］田智宇，杨宏伟，戴彦德．我国生态文明建设评价指标研究［J］．中国能源，2013（11）：9－13.

［52］汪秀琼．中国生态文明建设水平综合评价与空间分异［J］．华东经济管理，2015（4）：52－56.

［53］王其藩．系统动力学［M］．北京：清华大学出版社，1994.

［54］王仕军．低碳经济研究综述［J］．开放导报，2009（5）：44－47.

［55］王焱侠．日本应对气候变化的行业减排倡议和行动——以日本钢铁行业为例［J］．中国工业经济，2010（1）：75－83.

［56］王振江．系统动力学引论［M］．上海：上海科学技术文献出版社，1988.

［57］魏一鸣，刘兰翠，范英，等．中国能源报告（2008）碳排放研究［M］．北京：科学出版社，2008.

［58］武红，谷树忠，周洪，等．河北省能源消费、碳排放与经济增长的关系［J］．资源科学，2011，33（10）：1897－1905.

［59］肖建华，游高端．生态环境政策工具的发展与选择策略［J］．理论导刊，2011（7）：37－39.

［60］新华网．国民经济和社会发展第十二个五年规划纲要［EB/OL］．http：//www. china. com. cn/，2011.

［61］新华网．习近平主持召开中央财经领导小组第十二次会议．2016年1月26日．http：//news. xinhuanet. com/politics/2016－01/26/c_1117904083. htm.

［62］熊焰．低碳之路重新定义世界和我们的生活［M］．北京：中国经济出版社，2010.

［63］徐大丰．低碳经济导向下的产业机构调整策略研究——基于上海产业关联的实证研究［J］．华东经济管理，2010（10）：6－9.

［64］颜鹏飞，马瑞．经济增长极理论的演变和最新进展［J］．福建论坛（人文社会科学版），2003（1）：71－75.

[65] 杨洪刚. 中国环境政策工具的实施效果及其选择研究 [D]. 复旦大学博士学位论文, 2009. 4.

[66] 郁建兴, 沈永东, 周俊. 政府支持与行业协会在经济转型升级中的作用——基于浙江省、江苏省和上海市的研究 [J]. 上海行政学院学报, 2013 (3): 4-13.

[67] 约瑟夫·斯蒂格利茨. 设计适当的社会保障体系对中国继续取得成功至关重要 [J]. 经济社会体制比较, 2000 (5).

[68] 张欢, 成金华, 等. 特大型城市生态文明建设评价指标体系及应用——以武汉市为例 [J]. 生态学报, 2015 (2): 547-556.

[69] 张坤民, 潘家华, 崔大鹏. 低碳经济论 [M]. 北京: 中国环境科学出版社, 2008.

[70] 张文彤, 董伟. SPSS 统计分析高级教程 [M]. 北京: 高等教育出版社, 2013: 217-218.

[71] 赵敏, 张卫国, 俞立中. 上海市能源消费碳排放分析 [J]. 环境科学研究, 2009, 229 (8): 984-989.

[72] 郑莉. 欧盟等发达国家应对气候变化法律制度探析 [J]. 生态环境, 2011 (11): 172-176.

[73] 钟太洋, 黄贤金, 韩立, 王柏源. 资源环境领域脱钩分析研究进展 [J]. 自然资源学报, 2010, 25 (8): 1400-1412.

[74] 朱国众. 上海经济转型升级分析与思考 [J]. 统计科学与实践, 2014 (2): 38-39.

[75] 庄贵阳. 低碳经济转型的主要途径与政策工具 [J]. 浙江经济, 2014 (9): 31-32.

[76] 2050 中国能源和碳排放研究课题组. 2050 中国能源和碳排放报告 [M]. 北京: 科学出版社, 2009.

[77] Adam KUCERA and Ales MARSAL. Cost and Benefits of Czech Economic Transformation: Macroeconomic Approach [J]. Europolty, 2015, 9:

113 – 135.

[78] Adrian Muller, Åsa Löfgren, and Thomas Sterner. Decoupling: Is there a Separate Contribution from Environmental Taxation [R]. WORKING PAPERS IN ECONOMICS at University of Gothenburg, No 486, 2011.

[79] Barns T J, Britton John N H, Coffey W J, et al. Canadian Economic Geography at the Millennium [J]. The Canadian Geography, 2000, 44 (1): 4 – 24.

[80] BP Amoco. BP Statistical Review of World Energy [EB/OL]. http://www. bp. com /en /global / corporate /about-bp/energy-economics/statistical-review-of-world-energy. html.

[81] Cecilia Collados, Timothy P. Duane. Natural capital and quality of life: a model for evaluating the sustainability of alternative regional development paths [J]. Ecological Economics, 1999, 30 (3): 441 – 460.

[82] Diakoulaki D, Mandaraka M. Decomposition analysis for assessing the progress in decoupling industrial growth from CO_2 emissions in the EU manufacturing sector [J]. Energy Economics, 2007, 29 (4): 636 – 664.

[83] Ernest A Lowe, Stephen R Moran, John L Warren. Discovering Industrial Ecology [M]. Columbus: Battelle Press, 1997.

[84] Frosch R A, N E Gallopoulos. Strategies for manufacturing [J]. Scientific American, 1989, 261 (3): 144 – 153.

[85] GERALD A. McDERMOTT. The Politics of Institutional Renovation and Economic Upgrading: Recombining the Vines That Bind in Argentina [J]. Politics & Society, 2007, 35 (1): 103 – 143.

[86] Grossman G M, Krueger A B. Environmental Impacts of a North American Free Trade Agreement [C]. National Bureau of Economic Research Working Paper 3914, NBER, Cambridge NA, 1991.

[87] Gurley J G, Shaw E S. Financial structure and economic development

[J]. Economic Development and Culture Change, 1967, 21 (8): 152 - 171.

[88] Hiroki Iwata, Keisuke Okada, Sovannroeun Samreth. Empirical study on the determinants of CO_2 emissions: evidence from OECD countries [J]. Applied Economics, 2012, 44 (27): 3513 - 3519.

[89] Houghton D S. Long-distance Commuting: A New Approach to Mining in Australia [J]. The Geographical Journal, 1993, 159 (3): 281 - 290.

[90] Huang W M , Lee G W M. Wu C C, GHG emissions, GDP growth and the Kyoto Protocol: a revisit of environmental Kuznets curve hypothesis [J]. Energy Policy, 2008, 36: 239 - 247.

[91] IEA. World Energy Outlook 2007 (Summary) [R]. 2007.

[92] IEA. World Energy Outlook 2008 [R]. 2008.

[93] IEEE. IEEE White Paper on Sustainable Development and Industrial Ecology [R]. 1995.

[94] IPCC. 2006 IPCC guidelines for national greenhouse gas inventories; volume Ⅱ, 2008.

[95] IPCC. Climate Change 2013: The Physical Science Basis [R]. 2013.

[96] Jin Xue. Decoupling housing-related environmental impacts from economic growth: the hangzhou experience [R] . The 5th International Conference of the International Forum on Urbanism (IFoU), 2011: 1 - 16.

[97] Libor Žídek. Evaluation of Economic Transformation in Hungary [J]. Review of Economic Perspectives, 2014 (14): 55 - 58.

[98] Magnus Sjöström, Göran Östblom. Decoupling waste generation from economic growth—A CGE analysis of the Swedish case [J]. Ecological Economics, Ecological Economics, 2010 (69): 1545 - 1552.

[99] Marianne S Ulriksen. How social security policies and economictransformation affect poverty and inequality: Lessons for South Africa [J]. Development Southern Africa, 2012, 19 (1): 3 - 18.

[100] Martin K Enevoldsen, Anders V Ryelund, Mikael Skou Andersen. Decoupling of industrial energy consumption and CO_2-emissions in energy-intensive industries in Scandinavia [J]. Energy Economics, 2007 (29): 665 - 692.

[101] Nicholas Stern. The Stern Review: The Economics of Climate Change [M]. Oxford City. Cambridge University Press, 2007.

[102] Nordic Council of Ministers. Measuring sustainability and decoupling: A survey of methodology and practice [R]. Copenhagen: Nordic Council of Ministers, 2006: 43 - 44.

[103] Pagano M. Financial markets and growth: An overview [J]. European Economic Review, 1993. 37 (2): 613 - 622.

[104] Paresh Kumar Narayan, Seema Narayan. Carbon dioxide emissions and economic growth: Panel data evidence from developing countries [J]. Energy Policy, 2010, 38 (1): 661 - 666.

[105] Richmond A K, Kaufmann R K. Is there a turning point in the relationship between income and energy rise and or carbon emissions? [J]. Ecological economics, 2006, 56: 176 - 189.

[106] Tapio P. Towards a Theory of Decoupling: Degrees of Decoupling in the EU and the Case of Road Traffic in Finland between 1970 and 2001 [J]. Transport Policy, 2005, 12 (2).

[107] Thomas Gries. Wim Naude'. Entrepreneurship and structural economic transformation [J]. Small Bus Econ, 2010 (34): 13 - 29.

[108] Tobias Menz, Heinz Welsch. Population aging and carbon emissions in OECD countries: Accounting for life-cycle and cohort effects [J]. Energy Economics, 2012, 34 (3): 842 - 849.

[109] UK Energy White Paper. Our Energy Future – Creating a Low Carbon Economy [R]. 2003.

[110] United Nations Climate Change Conference. The Bali Road Map

[EB/OL]. http://unfccc.int/meetings/bali_dec_2007/meeting/6319.php, 2007-12.

[111] United Nations Environment Program. Global Green New Deal: Policy Brief [R]. 2009.

[112] Vehmas J, Kaivo-oja J, Luukkanen J. Global trends of linking environmental stress and economic growth [R]. Turku: Finland Futures Research Centre, 2003: 6-9.